中国排污许可制度系列丛书

排污许可管理手册
（2024 版）

PAIWU XUKE GUANLI SHOUCE
(2024 BAN)

生态环境部环境影响评价与排放管理司
生态环境部环境工程评估中心

编著

中国环境出版集团·北京

图书在版编目（CIP）数据

排污许可管理手册：2024版／生态环境部环境影响
评价与排放管理司，生态环境部环境工程评估中心编著.
北京：中国环境出版集团，2024.12. -- (中国排污许
可制度系列丛书). -- ISBN 978-7-5111-6065-2

Ⅰ. D922.683.5-62

中国国家版本馆CIP数据核字第2024WG3895号

责任编辑　董蓓蓓
装帧设计　彭　杉

出版发行　中国环境出版集团
　　　　　（100062　北京市东城区广渠门内大街16号）
　　　　　网　　址：http://www.cesp.com.cn
　　　　　电子邮箱：bjgl@cesp.com.cn
　　　　　联系电话：010-67112765（编辑管理部）
　　　　　发行热线：010-67113412（第二分社）
印　　刷　北京中献拓方科技发展有限公司
经　　销　各地新华书店
版　　次　2024年12月第1版
印　　次　2024年12月第1次印刷
开　　本　787×960　1/16
印　　张　11
字　　数　160千字
定　　价　56.00元

前言

  "十三五"以来，排污许可制度在我国生态环境治理体系中的作用愈发突显，已成为推动绿色发展、落实生态文明建设的重要手段之一。作为固定污染源环境管理的核心制度，经过多年的探索与实践，排污许可制度逐渐形成了系统化、精细化、法治化的管理框架，在推动我国生态环境保护和绿色转型、建设美丽中国的进程中起到重要作用。

  随着排污许可制度的顶层设计不断优化，政策框架也逐步完善。在这一过程中，生态环境部发布了一系列具有前瞻性和指导意义的政策文件，这些文件规范了排污许可核发和管理，也进一步明确了排污许可制改革的方向和目标；同时也为各级生态环境部门和企业履行环境保护责任奠定了坚实的制度基础。这一系列政策文件的出台与实施，标志着我国排污许可管理走向了更加科学和精细的新时代。

  本书正是在这样的背景下应运而生，旨在为排污许可及相关领域的从业者提供系统的指导。书中收录了"十三五"以来排污许可制度的核心政策文件，并配以深度解读，致力于为读者提供权威的政策参考与实践指南。无论是政策制定者、环境管理人员，还是企业与研究人员，都可通过本书深入了解排污许可的理论体系与政策精神，助力我国排污许可制度的全面推进与持续优化。

在本书编纂过程中，我们力求将政策文件的精髓与实践经验相结合，收录的每一项政策解读材料都力图提炼出文件的核心要义，尽力揭示排污许可管理背后的战略思考与时代使命。我们相信，这本书不仅能帮助读者清晰把握政策导向，更能为环境管理工作提供有力的理论支持与实践指南。

在本书的编写和出版过程中，中国环境出版集团的领导及编校团队付出了巨大的心血与艰辛的努力。在此，我们对所有参与者表示最诚挚的感谢。

然而，由于编写时间有限，书中难免存在一些疏漏和不足之处。我们诚恳地希望广大读者能够给予批评与指正，您的宝贵意见将是我们持续完善与提升的动力。

正如生态文明建设离不开每一位社会成员的共同努力，排污许可制度的完善与发展同样需要每一位从业者的共同耕耘。我们期待通过本书为您提供更为全面和深入的参考，助力您在新时代的排污许可管理工作中走得更加稳健、更加远大。

编者

2025 年 1 月

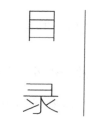

目录

附录 / 159

第一章

相关法规规章及规范性文件

排污许可管理条例

（中华人民共和国国务院令　第 736 号）

《排污许可管理条例》已经 2020 年 12 月 9 日国务院第 117 次常务会议通过，现予公布，自 2021 年 3 月 1 日起施行。

总理　李克强

2021 年 1 月 24 日

排污许可管理条例

第一章　总　则

第一条　为了加强排污许可管理，规范企业事业单位和其他生产经营者排污行为，控制污染物排放，保护和改善生态环境，根据《中华人民共和国环境保护法》等有关法律，制定本条例。

第二条　依照法律规定实行排污许可管理的企业事业单位和其他生产经营者（以下称排污单位），应当依照本条例规定申请取得排污许可证；未取得排污许可证的，不得排放污染物。

根据污染物产生量、排放量、对环境的影响程度等因素，对排污单位实行排污许可分类管理：

（一）污染物产生量、排放量或者对环境的影响程度较大的排污单位，实行排污许可重点管理；

（二）污染物产生量、排放量和对环境的影响程度都较小的排污单位，实行排污许可简化管理。

实行排污许可管理的排污单位范围、实施步骤和管理类别名录，由国务院生态环境主管部门拟订并报国务院批准后公布实施。制定实行排污许可管理的排污单位范围、实施步骤和管理类别名录，应当征求有关部门、行业协会、企业事业单位和社会公众等方面的意见。

第三条　国务院生态环境主管部门负责全国排污许可的统一监督管理。

设区的市级以上地方人民政府生态环境主管部门负责本行政区域排污许可的监督管理。

第四条　国务院生态环境主管部门应当加强全国排污许可证管理信息平台建设和管理，提高排污许可在线办理水平。

排污许可证审查与决定、信息公开等应当通过全国排污许可证管理信息平台办理。

第五条　设区的市级以上人民政府应当将排污许可管理工作所需经费列入本级预算。

第二章　申请与审批

第六条　排污单位应当向其生产经营场所所在地设区的市级以上地方人民政府生态环境主管部门（以下称审批部门）申请取得排污许可证。

排污单位有两个以上生产经营场所排放污染物的，应当按照生产经营场所分别申请取得排污许可证。

第七条　申请取得排污许可证，可以通过全国排污许可证管理信息平台提交排污许可证申请表，也可以通过信函等方式提交。

排污许可证申请表应当包括下列事项：

（一）排污单位名称、住所、法定代表人或者主要负责人、生产经营场所所在地、统一社会信用代码等信息；

（二）建设项目环境影响报告书（表）批准文件或者环境影响登记表备案材料；

（三）按照污染物排放口、主要生产设施或者车间、厂界申请的污染物排放种类、排放浓度和排放量，执行的污染物排放标准和重点污染物排放总量控制指标；

（四）污染防治设施、污染物排放口位置和数量，污染物排放方式、排放去向、自行监测方案等信息；

（五）主要生产设施、主要产品及产能、主要原辅材料、产生和排放污染物环节等信息，及其是否涉及商业秘密等不宜公开情形的情况说明。

第八条　有下列情形之一的，申请取得排污许可证还应当提交相应材料：

（一）属于实行排污许可重点管理的，排污单位在提出申请前已通过全国排污许可证管理信息平台公开单位基本信息、拟申请许可事项的说明材料；

（二）属于城镇和工业污水集中处理设施的，排污单位的纳污范围、管网布置、最终排放去向等说明材料；

（三）属于排放重点污染物的新建、改建、扩建项目以及实施技术改造项目的，排污单位通过污染物排放量削减替代获得重点污染物排放总量控制指标的说明材料。

第九条　审批部门对收到的排污许可证申请，应当根据下列情况分别作出处理：

（一）依法不需要申请取得排污许可证的，应当即时告知不需要申请取得排污许可证；

（二）不属于本审批部门职权范围的，应当即时作出不予受理的决定，并告知排污单位向有审批权的生态环境主管部门申请；

（三）申请材料存在可以当场更正的错误的，应当允许排污单位当场更正；

（四）申请材料不齐全或者不符合法定形式的，应当当场或者在3日内出具告知单，一次性告知排污单位需要补正的全部材料；逾期不告知的，自收到申请材料之日起即视为受理；

（五）属于本审批部门职权范围，申请材料齐全、符合法定形式，或者排污单位按照要求补正全部申请材料的，应当受理。

审批部门应当在全国排污许可证管理信息平台上公开受理或者不予受理排污许可证申请的决定，同时向排污单位出具加盖本审批部门专用印章和注明日期的书面凭证。

第十条 审批部门应当对排污单位提交的申请材料进行审查，并可以对排污单位的生产经营场所进行现场核查。

审批部门可以组织技术机构对排污许可证申请材料进行技术评估，并承担相应费用。

技术机构应当对其提出的技术评估意见负责，不得向排污单位收取任何费用。

第十一条 对具备下列条件的排污单位，颁发排污许可证：

（一）依法取得建设项目环境影响报告书（表）批准文件，或者已经办理环境影响登记表备案手续；

（二）污染物排放符合污染物排放标准要求，重点污染物排放符合排污许可证申请与核发技术规范、环境影响报告书（表）批准文件、重点污染物排放总量控制要求；其中，排污单位生产经营场所位于未达到国家环境质量标准的重点区域、流域的，还应当符合有关地方人民政府关于改善生态环境质量的特别要求；

（三）采用污染防治设施可以达到许可排放浓度要求或者符合污染防治可行技术；

（四）自行监测方案的监测点位、指标、频次等符合国家自行监测规范。

第十二条 对实行排污许可简化管理的排污单位，审批部门应当自受理申请之日起 20 日内作出审批决定；对符合条件的颁发排污许可证，对不符合条件的不予许可并书面说明理由。

对实行排污许可重点管理的排污单位，审批部门应当自受理申请之日起 30 日内作出审批决定；需要进行现场核查的，应当自受理申请之日起 45 日内作出审批决定；对符合条件的颁发排污许可证，对不符合条件的不予许可并书面说明理由。

审批部门应当通过全国排污许可证管理信息平台生成统一的排污许可证编号。

第十三条　排污许可证应当记载下列信息：

（一）排污单位名称、住所、法定代表人或者主要负责人、生产经营场所所在地等；

（二）排污许可证有效期限、发证机关、发证日期、证书编号和二维码等；

（三）产生和排放污染物环节、污染防治设施等；

（四）污染物排放口位置和数量、污染物排放方式和排放去向等；

（五）污染物排放种类、许可排放浓度、许可排放量等；

（六）污染防治设施运行和维护要求、污染物排放口规范化建设要求等；

（七）特殊时段禁止或者限制污染物排放的要求；

（八）自行监测、环境管理台账记录、排污许可证执行报告的内容和频次等要求；

（九）排污单位环境信息公开要求；

（十）存在大气污染物无组织排放情形时的无组织排放控制要求；

（十一）法律法规规定排污单位应当遵守的其他控制污染物排放的要求。

第十四条　排污许可证有效期为 5 年。

排污许可证有效期届满，排污单位需要继续排放污染物的，应当于排污许可证有效期届满 60 日前向审批部门提出申请。审批部门应当自受理申请之日起 20 日内完成审查；对符合条件的予以延续，对不符合条件的不予延续并书面说明理由。

排污单位变更名称、住所、法定代表人或者主要负责人的，应当自变更之日起 30 日内，向审批部门申请办理排污许可证变更手续。

第十五条 在排污许可证有效期内，排污单位有下列情形之一的，应当重新申请取得排污许可证：

（一）新建、改建、扩建排放污染物的项目；

（二）生产经营场所、污染物排放口位置或者污染物排放方式、排放去向发生变化；

（三）污染物排放口数量或者污染物排放种类、排放量、排放浓度增加。

第十六条 排污单位适用的污染物排放标准、重点污染物总量控制要求发生变化，需要对排污许可证进行变更的，审批部门可以依法对排污许可证相应事项进行变更。

第三章　排污管理

第十七条 排污许可证是对排污单位进行生态环境监管的主要依据。

排污单位应当遵守排污许可证规定，按照生态环境管理要求运行和维护污染防治设施，建立环境管理制度，严格控制污染物排放。

第十八条 排污单位应当按照生态环境主管部门的规定建设规范化污染物排放口，并设置标志牌。

污染物排放口位置和数量、污染物排放方式和排放去向应当与排污许可证规定相符。

实施新建、改建、扩建项目和技术改造的排污单位，应当在建设污染治设施的同时，建设规范化污染物排放口。

第十九条 排污单位应当按照排污许可证规定和有关标准规范，依法开展自行监测，并保存原始监测记录。原始监测记录保存期限不得少于 5 年。

排污单位应当对自行监测数据的真实性、准确性负责，不得篡改、伪造。

第二十条 实行排污许可重点管理的排污单位，应当依法安装、使用、维护污染物排放自动监测设备，并与生态环境主管部门的监控设备联网。

排污单位发现污染物排放自动监测设备传输数据异常的，应当及时报告生态环境主管部门，并进行检查、修复。

第二十一条　排污单位应当建立环境管理台账记录制度，按照排污许可证规定的格式、内容和频次，如实记录主要生产设施、污染防治设施运行情况以及污染物排放浓度、排放量。环境管理台账记录保存期限不得少于 5 年。

排污单位发现污染物排放超过污染物排放标准等异常情况时，应当立即采取措施消除、减轻危害后果，如实进行环境管理台账记录，并报告生态环境主管部门，说明原因。超过污染物排放标准等异常情况下的污染物排放计入排污单位的污染物排放量。

第二十二条　排污单位应当按照排污许可证规定的内容、频次和时间要求，向审批部门提交排污许可证执行报告，如实报告污染物排放行为、排放浓度、排放量等。

排污许可证有效期内发生停产的，排污单位应当在排污许可证执行报告中如实报告污染物排放变化情况并说明原因。

排污许可证执行报告中报告的污染物排放量可以作为年度生态环境统计、重点污染物排放总量考核、污染源排放清单编制的依据。

第二十三条　排污单位应当按照排污许可证规定，如实在全国排污许可证管理信息平台上公开污染物排放信息。

污染物排放信息应当包括污染物排放种类、排放浓度和排放量，以及污染防治设施的建设运行情况、排污许可证执行报告、自行监测数据等；其中，水污染物排入市政排水管网的，还应当包括污水接入市政排水管网位置、排放方式等信息。

第二十四条　污染物产生量、排放量和对环境的影响程度都很小的企业事业单位和其他生产经营者，应当填报排污登记表，不需要申请取得排污许可证。

需要填报排污登记表的企业事业单位和其他生产经营者范围名录，由国务院生态环境主管部门制定并公布。制定需要填报排污登记表的企业事业单位和其他生产经营者范围名录，应当征求有关部门、行业协会、企业事业单位和社会公众等方面的意见。

需要填报排污登记表的企业事业单位和其他生产经营者，应当在全国排污许可证管理信息平台上填报基本信息、污染物排放去向、执行的污染物排放标准以及采取的污染防治措施等信息；填报的信息发生变动的，应当自发生变动之日起20日内进行变更填报。

第四章　监督检查

第二十五条　生态环境主管部门应当加强对排污许可的事中事后监管，将排污许可执法检查纳入生态环境执法年度计划，根据排污许可管理类别、排污单位信用记录和生态环境管理需要等因素，合理确定检查频次和检查方式。

生态环境主管部门应当在全国排污许可证管理信息平台上记录执法检查时间、内容、结果以及处罚决定，同时将处罚决定纳入国家有关信用信息系统向社会公布。

第二十六条　排污单位应当配合生态环境主管部门监督检查，如实反映情况，并按照要求提供排污许可证、环境管理台账记录、排污许可证执行报告、自行监测数据等相关材料。

禁止伪造、变造、转让排污许可证。

第二十七条　生态环境主管部门可以通过全国排污许可证管理信息平台监控排污单位的污染物排放情况，发现排污单位的污染物排放浓度超过许可排放浓度的，应当要求排污单位提供排污许可证、环境管理台账记录、排污许可证执行报告、自行监测数据等相关材料进行核查，必要时可以组织开展现场监测。

第二十八条　生态环境主管部门根据行政执法过程中收集的监测数据，以及排污单位的排污许可证、环境管理台账记录、排污许可证执行报告、自行监测数据等相关材料，对排污单位在规定周期内的污染物排放量，以及排污单位污染防治设施运行和维护是否符合排污许可证规定进行核查。

第二十九条　生态环境主管部门依法通过现场监测、排污单位污染物排放自动监测设备、全国排污许可证管理信息平台获得的排污单位污染物排放数据，可以作为判定污染物排放浓度是否超过许可排放浓度的证据。

排污单位自行监测数据与生态环境主管部门及其所属监测机构在行政执法过程中收集的监测数据不一致的，以生态环境主管部门及其所属监测机构收集的监测数据作为行政执法依据。

第三十条　国家鼓励排污单位采用污染防治可行技术。国务院生态环境主管部门制定并公布污染防治可行技术指南。

排污单位未采用污染防治可行技术的，生态环境主管部门应当根据排污许可证、环境管理台账记录、排污许可证执行报告、自行监测数据等相关材料，以及生态环境主管部门及其所属监测机构在行政执法过程中收集的监测数据，综合判断排污单位采用的污染防治技术能否稳定达到排污许可证规定；对不能稳定达到排污许可证规定的，应当提出整改要求，并可以增加检查频次。

制定污染防治可行技术指南，应当征求有关部门、行业协会、企业事业单位和社会公众等方面的意见。

第三十一条　任何单位和个人对排污单位违反本条例规定的行为，均有向生态环境主管部门举报的权利。

接到举报的生态环境主管部门应当依法处理，按照有关规定向举报人反馈处理结果，并为举报人保密。

第五章 法律责任

第三十二条 违反本条例规定，生态环境主管部门在排污许可证审批或者监督管理中有下列行为之一的，由上级机关责令改正；对直接负责的主管人员和其他直接责任人员依法给予处分：

（一）对符合法定条件的排污许可证申请不予受理或者不在法定期限内审批；

（二）向不符合法定条件的排污单位颁发排污许可证；

（三）违反审批权限审批排污许可证；

（四）发现违法行为不予查处；

（五）不依法履行监督管理职责的其他行为。

第三十三条 违反本条例规定，排污单位有下列行为之一的，由生态环境主管部门责令改正或者限制生产、停产整治，处 20 万元以上 100 万元以下的罚款；情节严重的，报经有批准权的人民政府批准，责令停业、关闭：

（一）未取得排污许可证排放污染物；

（二）排污许可证有效期届满未申请延续或者延续申请未经批准排放污染物；

（三）被依法撤销、注销、吊销排污许可证后排放污染物；

（四）依法应当重新申请取得排污许可证，未重新申请取得排污许可证排放污染物。

第三十四条 违反本条例规定，排污单位有下列行为之一的，由生态环境主管部门责令改正或者限制生产、停产整治，处 20 万元以上 100 万元以下的罚款；情节严重的，吊销排污许可证，报经有批准权的人民政府批准，责令停业、关闭：

（一）超过许可排放浓度、许可排放量排放污染物；

（二）通过暗管、渗井、渗坑、灌注或者篡改、伪造监测数据，或者不正常运行污染防治设施等逃避监管的方式违法排放污染物。

第三十五条 违反本条例规定,排污单位有下列行为之一的,由生态环境主管部门责令改正,处 5 万元以上 20 万元以下的罚款;情节严重的,处 20 万元以上 100 万元以下的罚款,责令限制生产、停产整治:

(一)未按照排污许可证规定控制大气污染物无组织排放;

(二)特殊时段未按照排污许可证规定停止或者限制排放污染物。

第三十六条 违反本条例规定,排污单位有下列行为之一的,由生态环境主管部门责令改正,处 2 万元以上 20 万元以下的罚款;拒不改正的,责令停产整治:

(一)污染物排放口位置或者数量不符合排污许可证规定;

(二)污染物排放方式或者排放去向不符合排污许可证规定;

(三)损毁或者擅自移动、改变污染物排放自动监测设备;

(四)未按照排污许可证规定安装、使用污染物排放自动监测设备并与生态环境主管部门的监控设备联网,或者未保证污染物排放自动监测设备正常运行;

(五)未按照排污许可证规定制定自行监测方案并开展自行监测;

(六)未按照排污许可证规定保存原始监测记录;

(七)未按照排污许可证规定公开或者不如实公开污染物排放信息;

(八)发现污染物排放自动监测设备传输数据异常或者污染物排放超过污染物排放标准等异常情况不报告;

(九)违反法律法规规定的其他控制污染物排放要求的行为。

第三十七条 违反本条例规定,排污单位有下列行为之一的,由生态环境主管部门责令改正,处每次 5 千元以上 2 万元以下的罚款;法律另有规定的,从其规定:

(一)未建立环境管理台账记录制度,或者未按照排污许可证规定记录;

(二)未如实记录主要生产设施及污染防治设施运行情况或者污染物排

放浓度、排放量；

（三）未按照排污许可证规定提交排污许可证执行报告；

（四）未如实报告污染物排放行为或者污染物排放浓度、排放量。

第三十八条　排污单位违反本条例规定排放污染物，受到罚款处罚，被责令改正的，生态环境主管部门应当组织复查，发现其继续实施该违法行为或者拒绝、阻挠复查的，依照《中华人民共和国环境保护法》的规定按日连续处罚。

第三十九条　排污单位拒不配合生态环境主管部门监督检查，或者在接受监督检查时弄虚作假的，由生态环境主管部门责令改正，处 2 万元以上 20 万元以下的罚款。

第四十条　排污单位以欺骗、贿赂等不正当手段申请取得排污许可证的，由审批部门依法撤销其排污许可证，处 20 万元以上 50 万元以下的罚款，3 年内不得再次申请排污许可证。

第四十一条　违反本条例规定，伪造、变造、转让排污许可证的，由生态环境主管部门没收相关证件或者吊销排污许可证，处 10 万元以上 30 万元以下的罚款，3 年内不得再次申请排污许可证。

第四十二条　违反本条例规定，接受审批部门委托的排污许可技术机构弄虚作假的，由审批部门解除委托关系，将相关信息记入其信用记录，在全国排污许可证管理信息平台上公布，同时纳入国家有关信用信息系统向社会公布；情节严重的，禁止从事排污许可技术服务。

第四十三条　需要填报排污登记表的企业事业单位和其他生产经营者，未依照本条例规定填报排污信息的，由生态环境主管部门责令改正，可以处 5 万元以下的罚款。

第四十四条　排污单位有下列行为之一，尚不构成犯罪的，除依照本条例规定予以处罚外，对其直接负责的主管人员和其他直接责任人员，依照《中华人民共和国环境保护法》的规定处以拘留：

（一）未取得排污许可证排放污染物，被责令停止排污，拒不执行；

（二）通过暗管、渗井、渗坑、灌注或者篡改、伪造监测数据，或者不正常运行污染防治设施等逃避监管的方式违法排放污染物。

第四十五条　违反本条例规定，构成违反治安管理行为的，依法给予治安管理处罚；构成犯罪的，依法追究刑事责任。

第六章　附　　则

第四十六条　本条例施行前已经实际排放污染物的排污单位，不符合本条例规定条件的，应当在国务院生态环境主管部门规定的期限内进行整改，达到本条例规定的条件并申请取得排污许可证；逾期未取得排污许可证的，不得继续排放污染物。整改期限内，生态环境主管部门应当向其下达排污限期整改通知书，明确整改内容、整改期限等要求。

第四十七条　排污许可证申请表、环境管理台账记录、排污许可证执行报告等文件的格式和内容要求，以及排污许可证申请与核发技术规范等，由国务院生态环境主管部门制定。

第四十八条　企业事业单位和其他生产经营者涉及国家秘密的，其排污许可、监督管理等应当遵守保密法律法规的规定。

第四十九条　飞机、船舶、机动车、列车等移动污染源的污染物排放管理，依照相关法律法规的规定执行。

第五十条　排污单位应当遵守安全生产规定，按照安全生产管理要求运行和维护污染防治设施，建立安全生产管理制度。

在运行和维护污染防治设施过程中违反安全生产规定，发生安全生产事故的，对负有责任的排污单位依照《中华人民共和国安全生产法》的有关规定予以处罚。

第五十一条　本条例自 2021 年 3 月 1 日起施行。

国务院办公厅关于印发
控制污染物排放许可制实施方案的通知

（国办发〔2016〕81 号）

各省、自治区、直辖市人民政府，国务院各部委、各直属机构：

《控制污染物排放许可制实施方案》已经国务院同意，现印发给你们，请认真贯彻执行。

国务院办公厅

2016 年 11 月 10 日

控制污染物排放许可制实施方案

控制污染物排放许可制（以下称排污许可制）是依法规范企事业单位排污行为的基础性环境管理制度，环境保护部门通过对企事业单位发放排污许可证并依证监管实施排污许可制。近年来，各地积极探索排污许可制，取得初步成效。但总体看，排污许可制定位不明确，企事业单位治污责任不落实，环境保护部门依证监管不到位，使得管理制度效能难以充分发挥。为进一步推动环境治理基础制度改革，改善环境质量，根据《中华人民共和国环境保护法》和《生态文明体制改革总体方案》等，制定本方案。

一、总体要求

（一）指导思想。全面贯彻落实党的十八大和十八届三中、四中、五中、六中全会精神，深入学习贯彻习近平总书记系列重要讲话精神，紧紧围绕统筹推进"五位一体"总体布局和协调推进"四个全面"战略布局，牢固树立创新、协调、绿色、开放、共享的发展理念，认真落实党中央、国务院决策部署，加大生态文明建设和环境保护力度，将排污许可制建设成为固定污染源环境管理的核心制度，作为企业守法、部门执法、社会监督的依据，为提高环境管理效能和改善环境质量奠定坚实基础。

（二）基本原则。

精简高效，衔接顺畅。排污许可制衔接环境影响评价管理制度，融合总量控制制度，为排污收费、环境统计、排污权交易等工作提供统一的污染物排放数据，减少重复申报，减轻企事业单位负担，提高管理效能。

公平公正，一企一证。企事业单位持证排污，按照所在地改善环境质量和保障环境安全的要求承担相应的污染治理责任，多排放多担责、少排放可获益。向企事业单位核发排污许可证，作为生产运营期排污行为的唯一行政许可，并明确其排污行为依法应当遵守的环境管理要求和承担的法律责任义务。

权责清晰，强化监管。排污许可证是企事业单位在生产运营期接受环境监管和环境保护部门实施监管的主要法律文书。企事业单位依法申领排污许可证，按证排污，自证守法。环境保护部门基于企事业单位守法承诺，依法发放排污许可证，依证强化事中事后监管，对违法排污行为实施严厉打击。

公开透明，社会共治。排污许可证申领、核发、监管流程全过程公开，企事业单位污染物排放和环境保护部门监管执法信息及时公开，为推动企业守法、部门联动、社会监督创造条件。

（三）目标任务。到 2020 年，完成覆盖所有固定污染源的排污许可证核发工作，全国排污许可证管理信息平台有效运转，各项环境管理制度精简合理、有机衔接，企事业单位环保主体责任得到落实，基本建立法规体系完备、技术体系科学、管理体系高效的排污许可制，对固定污染源实施全过程管理和多污染物协同控制，实现系统化、科学化、法治化、精细化、信息化的"一证式"管理。

二、衔接整合相关环境管理制度

（四）建立健全企事业单位污染物排放总量控制制度。改变单纯以行政区域为单元分解污染物排放总量指标的方式和总量减排核算考核办法，通过实施排污许可制，落实企事业单位污染物排放总量控制要求，逐步实现由行政区域污染物排放总量控制向企事业单位污染物排放总量控制转变，控制的范围逐渐统一到固定污染源。环境质量不达标地区，要通过提高排放标准或加严许可排放量等措施，对企事业单位实施更为严格的污染物排放总量控制，推动改善环境质量。

（五）有机衔接环境影响评价制度。环境影响评价制度是建设项目的环境准入门槛，排污许可制是企事业单位生产运营期排污的法律依据，必须做好充分衔接，实现从污染预防到污染治理和排放控制的全过程监管。新建项目必须在发生实际排污行为之前申领排污许可证，环境影响评价文件及批复中与污染物排放相关的主要内容应当纳入排污许可证，其排污许可证执行情况应作为环境影响后评价的重要依据。

三、规范有序发放排污许可证

（六）制定排污许可管理名录。环境保护部依法制订并公布排污许可分类管理名录，考虑企事业单位及其他生产经营者，确定实行排污许可管理的行业类别。对不同行业或同一行业内的不同类型企事业单位，按照污染物产生量、排放量以及环境危害程度等因素进行分类管理，对环境影响较小、环境危害程度较低的行业或企事业单位，简化排污许可内容和相应的自行监测、台账管理等要求。

（七）规范排污许可证核发。由县级以上地方政府环境保护部门负责排污许可证核发，地方性法规另有规定的从其规定。企事业单位应按相关法规标准和技术规定提交申请材料，申报污染物排放种类、排放浓度等，测算并申报污染物排放量。环境保护部门对符合要求的企事业单位应及时核发排污许可证，对存在疑问的开展现场核查。首次发放的排污许可证有效期三年，延续换发的排污许可证有效期五年。上级环境保护部门要加强监督抽查，有权依法撤销下级环境保护部门作出的核发排污许可证的决定。环境保护部统一制定排污许可证申领核发程序、排污许可证样式、信息编码和平台接口标准、相关数据格式要求等。各地区现有排污许可证及其管理要按国家统一要求及时进行规范。

（八）合理确定许可内容。排污许可证中明确许可排放的污染物种类、浓度、排放量、排放去向等事项，载明污染治理设施、环境管理要求等相关内容。根据污染物排放标准、总量控制指标、环境影响评价文件及批复要求等，依法合理确定许可排放的污染物种类、浓度及排放量。按照《国务院办公厅关于加强环境监管执法的通知》（国办发〔2014〕56号）要求，经地方政府依法处理、整顿规范并符合要求的项目，纳入排污许可管理范围。地方政府制定的环境质量限期达标规划、重污染天气应对措施中对企事业单位有更加严格的排放控制要求的，应当在排污许可证中予以明确。

（九）分步实现排污许可全覆盖。排污许可证管理内容主要包括大气污染物、水污染物，并依法逐步纳入其他污染物。按行业分步实现对固定污染源的全覆盖，率先对火电、造纸行业企业核发排污许可证，2017年完成《大气污染防治行动计划》和《水污染防治行动计划》重点行业及产能过剩行业企业排污许可证核发，2020年全国基本完成排污许可证核发。

四、严格落实企事业单位环境保护责任

（十）落实按证排污责任。纳入排污许可管理的所有企事业单位必须按期持证排污、按证排污，不得无证排污。企事业单位应及时申领排污许可证，对申请材料的真实性、准确性和完整性承担法律责任，承诺按照排污许可证的规定排污并严格执行；落实污染物排放控制措施和其他各项环境管理要求，确保污染物排放种类、浓度和排放量等达到许可要求；明确单位负责人和相关人员环境保护责任，不断提高污染治理和环境管理水平，自觉接受监督检查。

（十一）实行自行监测和定期报告。企事业单位应依法开展自行监测，安装或使用监测设备应符合国家有关环境监测、计量认证规定和技术规范，保障数据合法有效，保证设备正常运行，妥善保存原始记录，建立准确完整的环境管理台账，安装在线监测设备的应与环境保护部门联网。企事业单位应如实向环境保护部门报告排污许可证执行情况，依法向社会公开污染物排放数据并对数据真实性负责。排放情况与排污许可证要求不符的，应及时向环境保护部门报告。

五、加强监督管理

（十二）依证严格开展监管执法。依证监管是排污许可制实施的关键，重点检查许可事项和管理要求的落实情况，通过执法监测、核查台账等手段，核实排放数据和报告的真实性，判定是否达标排放，核定排放量。企事业单位在线监测数据可以作为环境保护部门监管执法的依据。按照"谁核发、谁监管"的原则定期开展监管执法，首次核发排污许可证后，应及时开展检查；对有违规记录的，应提高检查频次；对污染严重的产能过剩行业企业加大执法频次与处罚力度，推动去产能工作。现场检查的时间、内容、结果以及处罚决定应记入排污许可证管理信息平台。

（十三）严厉查处违法排污行为。根据违法情节轻重，依法采取按日连续处罚、限制生产、停产整治、停业、关闭等措施，严厉处罚无证和不按证

排污行为，对构成犯罪的，依法追究刑事责任。环境保护部门检查发现实际情况与环境管理台账、排污许可证执行报告等不一致的，可以责令作出说明，对未能说明且无法提供自行监测原始记录的，依法予以处罚。

（十四）综合运用市场机制政策。对自愿实施严于许可排放浓度和排放量且在排污许可证中载明的企事业单位，加大电价等价格激励措施力度，符合条件的可以享受相关环保、资源综合利用等方面的优惠政策。与拟开征的环境保护税有机衔接，交换共享企事业单位实际排放数据与纳税申报数据，引导企事业单位按证排污并诚信纳税。排污许可证是排污权的确认凭证、排污交易的管理载体，企事业单位在履行法定义务的基础上，通过淘汰落后和过剩产能、清洁生产、污染治理、技术改造升级等产生的污染物排放削减量，可按规定在市场交易。

六、强化信息公开和社会监督

（十五）提高管理信息化水平。2017年建成全国排污许可证管理信息平台，将排污许可证申领、核发、监管执法等工作流程及信息纳入平台，各地现有的排污许可证管理信息平台逐步接入。在统一社会信用代码基础上适当扩充，制定全国统一的排污许可证编码。通过排污许可证管理信息平台统一收集、存储、管理排污许可证信息，实现各级联网、数据集成、信息共享。形成的实际排放数据作为环境保护部门排污收费、环境统计、污染源排放清单等各项固定污染源环境管理的数据来源。

（十六）加大信息公开力度。在全国排污许可证管理信息平台上及时公开企事业单位自行监测数据和环境保护部门监管执法信息，公布不按证排污的企事业单位名单，纳入企业环境行为信用评价，并通过企业信用信息公示系统进行公示。与环保举报平台共享污染源信息，鼓励公众举报无证和不按证排污行为。依法推进环境公益诉讼，加强社会监督。

七、做好排污许可制实施保障

（十七）加强组织领导。各地区要高度重视排污许可制实施工作，统一思想，提高认识，明确目标任务，制定实施计划，确保按时限完成排污许可证核发工作。要做好排污许可制推进期间各项环境管理制度的衔接，避免出现管理真空。环境保护部要加强对全国排污许可制实施工作的指导，制定相关管理办法，总结推广经验，跟踪评估实施情况。将排污许可制落实情况纳入环境保护督察工作，对落实不力的进行问责。

（十八）完善法律法规。加快修订建设项目环境保护管理条例，制定排污许可管理条例。配合修订水污染防治法，研究建立企事业单位守法排污的自我举证、加严对无证或不按证排污连续违法行为的处罚规定。推动修订固体废物污染环境防治法、环境噪声污染防治法，探索将有关污染物纳入排污许可证管理。

（十九）健全技术支撑体系。梳理和评估现有污染物排放标准，并适时修订。建立健全基于排放标准的可行技术体系，推动企事业单位污染防治措施升级改造和技术进步。完善排污许可证执行和监管执法技术体系，指导企事业单位自行监测、台账记录、执行报告、信息公开等工作，规范环境保护部门台账核查、现场执法等行为。培育和规范咨询与监测服务市场，促进人才队伍建设。

（二十）开展宣传培训。加大对排污许可制的宣传力度，做好制度解读，及时回应社会关切。组织各级环境保护部门、企事业单位、咨询与监测机构开展专业培训。强化地方政府环境保护主体责任，树立企事业单位持证排污意识，有序引导社会公众更好参与监督企事业单位排污行为，形成政府综合管控、企业依证守法、社会共同监督的良好氛围。

排污许可管理办法

（中华人民共和国生态环境部令　第 32 号）

《排污许可管理办法》已于 2023 年 12 月 25 日由生态环境部 2023 年第 4 次部务会议审议通过，现予公布，自 2024 年 7 月 1 日起施行。

生态环境部部长　黄润秋

2024 年 4 月 1 日

排污许可管理办法

第一章　总　则

第一条　为了规范排污许可管理，根据《中华人民共和国环境保护法》《中华人民共和国海洋环境保护法》和大气、水、固体废物、土壤、噪声等专项污染防治法律，以及《排污许可管理条例》（以下简称《条例》），制定本办法。

第二条　排污许可证的申请、审批、执行以及与排污许可相关的监督管理等行为，适用本办法。

第三条　依照法律规定实行排污许可管理的企业事业单位和其他生产经营者（以下简称排污单位），应当依法申请取得排污许可证，并按照排污许可证的规定排放污染物；未取得排污许可证的，不得排放污染物。

依法需要填报排污登记表的企业事业单位和其他生产经营者（以下简称

排污登记单位），应当在全国排污许可证管理信息平台进行排污登记。

第四条　根据污染物产生量、排放量、对环境的影响程度等因素，对企业事业单位和其他生产经营者实行排污许可重点管理、简化管理和排污登记管理。

实行排污许可重点管理、简化管理的排污单位具体范围，依照固定污染源排污许可分类管理名录规定执行。实行排污登记管理的排污登记单位具体范围由国务院生态环境主管部门制定并公布。

第五条　国务院生态环境主管部门负责全国排污许可的统一监督管理。

省级生态环境主管部门和设区的市级生态环境主管部门负责本行政区域排污许可的监督管理。

第六条　生态环境主管部门对排污单位的大气污染物、水污染物、工业固体废物、工业噪声等污染物排放行为实行综合许可管理。

第七条　国务院生态环境主管部门对排污单位及其生产设施、污染防治设施和排放口实行统一编码管理。

第八条　国务院生态环境主管部门负责建设、运行、维护、管理全国排污许可证管理信息平台。

排污许可证的申请、受理、审查、审批决定、变更、延续、注销、撤销、信息公开等应当通过全国排污许可证管理信息平台办理。排污单位申请取得排污许可证的，也可以通过信函等方式提交书面申请。

全国排污许可证管理信息平台中记录的排污许可证相关电子信息与排污许可证正本、副本记载的信息依法具有同等效力。

第九条　排污许可证执行报告中报告的污染物实际排放量，可以作为开展年度生态环境统计、重点污染物排放总量考核、污染源排放清单编制等工作的依据。

排污许可证应当作为排污权的确认凭证和排污权交易的管理载体。

第二章 排污许可证和排污登记表内容

第十条 排污许可证由正本和副本构成。

设区的市级以上地方人民政府生态环境主管部门可以依据地方性法规，增加需要在排污许可证中记载的内容。

第十一条 排污许可证正本应当记载《条例》第十三条第一、二项规定的基本信息，排污许可证副本应当记载《条例》第十三条规定的所有信息。

法律法规规定的排污单位应当遵守的大气污染物、水污染物、工业固体废物、工业噪声等控制污染物排放的要求，重污染天气等特殊时段禁止或者限制污染物排放的要求，以及土壤污染重点监管单位的控制有毒有害物质排放、土壤污染隐患排查、自行监测等要求，应当在排污许可证副本中记载。

第十二条 排污单位承诺执行更加严格的排放限值的，应当在排污许可证副本中记载。

第十三条 排污登记表应当记载下列信息：

（一）排污登记单位名称、统一社会信用代码、生产经营场所所在地、行业类别、法定代表人或者实际负责人等基本信息；

（二）污染物排放去向、执行的污染物排放标准及采取的污染防治措施等。

第三章 申请与审批

第十四条 排污单位应当在实际排污行为发生之前，向其生产经营场所所在地设区的市级以上地方人民政府生态环境主管部门（以下简称审批部门）申请取得排污许可证。

海洋工程排污单位申请取得排污许可证的，依照有关法律、行政法规的规定执行。

第十五条 排污单位有两个以上生产经营场所排放污染物的，应当分别向生产经营场所所在地的审批部门申请取得排污许可证。

第十六条 实行排污许可重点管理的排污单位在提交排污许可证首次申请或者重新申请材料前，应当通过全国排污许可证管理信息平台向社会公开基本信息和拟申请许可事项，并提交说明材料。公开时间不得少于五个工作日。

第十七条 排污单位在填报排污许可证申请表时，应当承诺排污许可证申请材料的完整性、真实性和合法性，承诺按照排污许可证的规定排放污染物，落实排污许可证规定的环境管理要求，并由法定代表人或者主要负责人签字或者盖章。

第十八条 排污单位应当依照《条例》第七条、第八条规定提交相应材料，并可以对申请材料进行补充说明，一并提交审批部门。

排污单位申请许可排放量的，应当一并提交排放量限值计算过程。重点污染物排放总量控制指标通过排污权交易获取的，还应当提交排污权交易指标的证明材料。

污染物排放口已经建成的排污单位，应当提交有关排放口规范化的情况说明。

第十九条 排污单位在申请排污许可证时，应当按照自行监测技术指南，编制自行监测方案。

自行监测方案应当包括以下内容：

（一）监测点位及示意图、监测指标、监测频次；

（二）使用的监测分析方法；

（三）监测质量保证与质量控制要求；

（四）监测数据记录、整理、存档要求；

（五）监测数据信息公开要求。

第二十条 审批部门收到排污单位提交的申请材料后，依照《条例》第九条、第十条要求作出处理。

审批部门可以组织技术机构对排污许可证申请材料进行技术评估，并承担相应费用。技术机构应当遵循科学、客观、公正的原则，提出技术评估意见，并对技术评估意见负责，不得向排污单位收取任何费用。

技术机构开展技术评估应当遵守国家相关法律法规、标准规范，保守排污单位商业秘密。

第二十一条　排污单位采用相应污染防治可行技术的，或者新建、改建、扩建建设项目排污单位采用环境影响报告书（表）批准文件要求的污染防治技术的，审批部门可以认为排污单位采用的污染防治设施或者措施能够达到许可排放浓度要求。

不符合前款规定情形的，排污单位可以通过提供监测数据证明其采用的污染防治设施可以达到许可排放浓度要求。监测数据应当通过使用符合国家有关环境监测、计量认证规定和技术规范的监测设备取得；对于国内首次采用的污染防治技术，应当提供工程试验数据予以证明。

第二十二条　对具备下列条件的排污单位，颁发排污许可证：

（一）依法取得建设项目环境影响报告书（表）批准文件，或者已经办理环境影响登记表备案手续；

（二）污染物排放符合污染物排放标准要求，重点污染物排放符合排污许可证申请与核发技术规范、环境影响报告书（表）批准文件、重点污染物排放总量控制要求；其中，排污单位生产经营场所位于未达到国家环境质量标准的重点区域、流域的，还应当符合有关地方人民政府关于改善生态环境质量的特别要求；

（三）采用污染防治设施可以达到许可排放浓度要求或者符合污染防治可行技术；

（四）自行监测方案的监测点位、指标、频次等符合国家自行监测规范。

第二十三条　审批部门应当在法定审批期限内作出审批决定，对符合条件的颁发排污许可证；对不符合条件的应当出具不予许可决定书，书面告知排污单位不予许可的理由，以及依法申请行政复议或者提起行政诉讼的权利。

依法需要听证、检验、检测、专家评审的，所需时间不计算在审批期限内，审批部门应当将所需时间书面告知排污单位。

第二十四条 排污单位依照《条例》第十四条第二款规定提出延续排污许可证时，应当按照规定提交延续申请表。审批部门作出延续排污许可证决定的，延续后的排污许可证有效期自原排污许可证有效期届满的次日起计算。

排污单位未依照《条例》第十四条第二款规定提前六十日提交延续申请表，审批部门依法在原排污许可证有效期届满之后作出延续排污许可证决定的，延续后的排污许可证有效期自作出延续决定之日起计算；审批部门依法在原排污许可证有效期届满之前作出延续排污许可证决定的，延续后的排污许可证有效期自原排污许可证有效期届满的次日起计算。

第二十五条 对符合《条例》第十五条规定的应当重新申请排污许可证情形的，排污单位应当在实际排污行为变化之前重新申请取得排污许可证。排污单位应当提交排污许可证申请表、由排污单位法定代表人或者主要负责人签字或者盖章的承诺书以及与重新申请排污许可证有关的其他材料，并说明重新申请原因。

重新申请的排污许可证有效期自审批部门作出重新申请审批决定之日起计算。

第二十六条 排污单位名称、住所、法定代表人或者主要负责人等排污许可证正本中记载的基本信息发生变更的，排污单位应当自变更之日起三十日内，向审批部门提交变更排污许可证申请表以及与变更排污许可证有关的其他材料。

审批部门应当自受理之日起十个工作日内作出变更决定，按规定换发排污许可证正本，相关变更内容载入排污许可证副本中的变更、延续记录。

排污许可证记载信息的变更，不影响排污许可证的有效期。

第二十七条 排污单位适用的污染物排放标准、重点污染物排放总量控制要求发生变化，需要对排污许可证进行变更的，审批部门应当在标准生效之前和总量控制指标变化后依法对排污许可证相应事项进行变更。

第二十八条 除本办法第二十五条、第二十六条、第二十七条规定情形外，排污许可证记载内容发生变化的，排污单位可以主动向审批部门提出调整排污许可证内容的申请，审批部门应当及时对排污许可证记载内容进行调整。

第二十九条 有下列情形之一的，审批部门应当依法办理排污许可证的注销手续，并在全国排污许可证管理信息平台上公告：

（一）排污许可证有效期届满未延续的；

（二）排污单位依法终止的；

（三）排污许可证依法被撤销、吊销的；

（四）应当注销的其他情形。

第三十条 有下列情形之一的，可以依法撤销排污许可证，并在全国排污许可证管理信息平台上公告：

（一）超越法定职权审批排污许可证的；

（二）违反法定程序审批排污许可证的；

（三）审批部门工作人员滥用职权、玩忽职守审批排污许可证的；

（四）对不具备申请资格或者不符合法定条件的排污单位审批排污许可证的；

（五）依法可以撤销排污许可证的其他情形。

排污单位以欺骗、贿赂等不正当手段取得排污许可证的，应当依法予以撤销。

第三十一条 上级生态环境主管部门可以对具有审批权限的下级生态环境主管部门的排污许可证审批和执行情况进行监督检查和指导，发现属于《条例》第三十二条规定违法情形的，上级生态环境主管部门应当责令改正。

第三十二条 排污许可证发生遗失、损毁的，排污单位可以向审批部门申请补领。已经办理排污许可证电子证照的排污单位可以根据需要自行打印排污许可证。

第四章　排污管理

第三十三条　排污单位应当依照《条例》规定，严格落实环境保护主体责任，建立健全环境管理制度，按照排污许可证规定严格控制污染物排放。

排污登记单位应当依照国家生态环境保护法律法规规章等管理规定运行和维护污染防治设施，建设规范化排放口，落实排污主体责任，控制污染物排放。

第三十四条　排污单位应当按照排污许可证规定和有关标准规范，依法开展自行监测，保存原始监测记录。原始监测记录保存期限不得少于五年。

排污单位对自行监测数据的真实性、准确性负责，不得篡改、伪造。

第三十五条　实行排污许可重点管理的排污单位，应当依法安装、使用、维护污染物排放自动监测设备，并与生态环境主管部门的监控设备联网。

排污单位发现污染物排放自动监测设备传输数据异常的，应当及时报告生态环境主管部门，并进行检查、修复。

第三十六条　排污单位应当按照排污许可证规定的格式、内容和频次要求记录环境管理台账，主要包括以下内容：

（一）与污染物排放相关的主要生产设施运行情况；发生异常情况的，应当记录原因和采取的措施。

（二）污染防治设施运行情况及管理信息；发生异常情况的，应当记录原因和采取的措施。

（三）污染物实际排放浓度和排放量；发生超标排放情况的，应当记录超标原因和采取的措施。

（四）其他按照相关技术规范应当记录的信息。

环境管理台账记录保存期限不得少于五年。

第三十七条　排污单位应当按照排污许可证规定的执行报告内容、频次和时间要求，在全国排污许可证管理信息平台上填报、提交排污许可证执行报告。

排污许可证执行报告包括年度执行报告、季度执行报告和月执行报告。

季度执行报告和月执行报告应当包括以下内容：

（一）根据自行监测结果说明污染物实际排放浓度和排放量及达标判定分析；

（二）排污单位超标排放或者污染防治设施异常情况的说明。

年度执行报告可以替代当季度或者当月的执行报告，并增加以下内容：

（一）排污单位基本生产信息；

（二）污染防治设施运行情况；

（三）自行监测执行情况；

（四）环境管理台账记录执行情况；

（五）信息公开情况；

（六）排污单位内部环境管理体系建设与运行情况；

（七）其他排污许可证规定的内容执行情况。

建设项目竣工环境保护设施验收报告中污染源监测数据等与污染物排放相关的主要内容，应当由排污单位记载在该项目竣工环境保护设施验收完成当年的排污许可证年度执行报告中。排污许可证执行情况应当作为环境影响后评价的重要依据。

排污单位发生污染事故排放时，应当依照相关法律法规规章的规定及时报告。

第三十八条　排污单位应当按照排污许可证规定，如实在全国排污许可证管理信息平台上公开污染物排放信息。

污染物排放信息应当包括污染物排放种类、排放浓度和排放量，以及污染防治设施的建设运行情况、排污许可证执行报告、自行监测数据等；水污染物排入市政排水管网的，还应当包括污水接入市政排水管网位置、排放方式等信息。

第三十九条 排污登记单位应当在实际排污行为发生之前，通过全国排污许可证管理信息平台填报排污登记表，提交后即时生成登记编号和回执，由排污登记单位自行留存。排污登记单位应当对填报信息的真实性、准确性、完整性负责。

排污登记表自获得登记编号之日起生效，有效期限依照相关法律法规规定执行。

排污登记信息发生变动的，排污登记单位应当自发生变动之日起二十日内进行变更登记。

排污登记单位因关闭等原因不再排污的，应当及时在全国排污许可证管理信息平台注销排污登记表。

排污登记单位因生产和排污情况发生变化等原因，依法需要申领排污许可证的，应当依照相关法律法规和本办法的规定及时申请取得排污许可证并注销排污登记表。

第五章 监督检查

第四十条 生态环境主管部门应当将排污许可证和排污登记信息纳入执法监管数据库，将排污许可执法检查纳入生态环境执法年度计划，加强对排污许可证记载事项的清单式执法检查。

对未取得排污许可证排放污染物、不按照排污许可证要求排放污染物、未按规定填报排污登记表等违反排污许可管理的行为，依照相关法律法规和《条例》有关规定进行处理。

第四十一条 生态环境主管部门应当定期组织开展排污许可证执行报告落实情况的检查，重点检查排污单位提交执行报告的及时性、报告内容的完整性、排污行为的合规性、污染物排放量数据的准确性以及各项管理要求的落实情况等内容。

　　排污许可证执行报告检查依托全国排污许可证管理信息平台开展。生态环境主管部门可以要求排污单位补充提供环境管理台账记录、自行监测数据等相关材料，必要时可以组织开展现场核查。

　　第四十二条　生态环境主管部门应当加强排污许可证质量管理，建立质量审核机制，定期开展排污许可证质量核查。

　　第四十三条　排污单位应当树立持证排污、按证排污意识，及时公开排污信息，自觉接受公众监督。

　　鼓励社会公众依法参与监督排污单位和排污登记单位排污行为。任何单位和个人对违反本办法规定的行为，均有权向生态环境主管部门举报。接到举报的生态环境主管部门应当依法处理，按照有关规定向举报人反馈处理结果，并为举报人保密。

第六章　附　则

　　第四十四条　排污许可证正本、副本、承诺书样本和申请、延续、变更排污许可证申请表格式，由国务院生态环境主管部门制定。

　　第四十五条　排污单位涉及国家秘密的，其排污许可、排污登记及相关的监督管理等应当遵守国家有关保密法律法规的规定。

　　第四十六条　本办法自 2024 年 7 月 1 日起施行。原环境保护部发布的《排污许可管理办法（试行）》（环境保护部令　第 48 号）同时废止。

固定污染源排污许可分类管理名录
（2019年版）

（中华人民共和国生态环境部令　第11号）

　　《固定污染源排污许可分类管理名录（2019年版）》已于2019年7月11日经生态环境部部务会议审议通过，现予公布，自公布之日起施行。2017年7月28日原环境保护部发布的《固定污染源排污许可分类管理名录（2017年版）》同时废止。

部长　李干杰

2019年12月20日

固定污染源排污许可分类管理名录
（2019年版）

　　第一条　为实施排污许可分类管理，根据《中华人民共和国环境保护法》等有关法律法规和《国务院办公厅关于印发控制污染物排放许可制实施方案的通知》的相关规定，制定本名录。

　　第二条　国家根据排放污染物的企业事业单位和其他生产经营者（以下简称排污单位）污染物产生量、排放量、对环境的影响程度等因素，实行排污许可重点管理、简化管理和登记管理。

　　对污染物产生量、排放量或者对环境的影响程度较大的排污单位，实行排污许可重点管理；对污染物产生量、排放量和对环境的影响程度较小的排污单位，实行排污许可简化管理。对污染物产生量、排放量和对环境的影响程度很小的排污单位，实行排污登记管理。

实行登记管理的排污单位，不需要申请取得排污许可证，应当在全国排污许可证管理信息平台填报排污登记表，登记基本信息、污染物排放去向、执行的污染物排放标准以及采取的污染防治措施等信息。

第三条　本名录依据《国民经济行业分类》(GB/T 4754—2017)划分行业类别。

第四条　现有排污单位应当在生态环境部规定的实施时限内申请取得排污许可证或者填报排污登记表。新建排污单位应当在启动生产设施或者发生实际排污之前申请取得排污许可证或者填报排污登记表。

第五条　同一排污单位在同一场所从事本名录中两个以上行业生产经营的，申请一张排污许可证。

第六条　属于本名录第 1 至 107 类行业的排污单位，按照本名录第 109 至 112 类规定的锅炉、工业炉窑、表面处理、水处理等通用工序实施重点管理或者简化管理的，只需对其涉及的通用工序申请取得排污许可证，不需要对其他生产设施和相应的排放口等申请取得排污许可证。

第七条　属于本名录第 108 类行业的排污单位，涉及本名录规定的通用工序重点管理、简化管理或者登记管理的，应当对其涉及的本名录第 109 至 112 类规定的锅炉、工业炉窑、表面处理、水处理等通用工序申请领取排污许可证或者填报排污登记表；有下列情形之一的，还应当对其生产设施和相应的排放口等申请取得重点管理排污许可证：

（一）被列入重点排污单位名录的；

（二）二氧化硫或者氮氧化物年排放量大于 250 吨的；

（三）烟粉尘年排放量大于 500 吨的；

（四）化学需氧量年排放量大于 30 吨，或者总氮年排放量大于 10 吨，或者总磷年排放量大于 0.5 吨的；

（五）氨氮、石油类和挥发酚合计年排放量大于 30 吨的；

（六）其他单项有毒有害大气、水污染物污染当量数大于 3000 的。污染当量数按照《中华人民共和国环境保护税法》的规定计算。

第八条　本名录未做规定的排污单位，确需纳入排污许可管理的，其排污许可管理类别由省级生态环境主管部门提出建议，报生态环境部确定。

第九条　本名录由生态环境部负责解释，并适时修订。

第十条　本名录自发布之日起施行。《固定污染源排污许可分类管理名录（2017 年版）》同时废止。

序号	行业类别	重点管理	简化管理	登记管理
一、畜牧业 03				
1	牲畜饲养 031，家禽饲养 032	设有污水排放口的规模化畜禽养殖场、养殖小区（具体规模化标准按《畜禽规模养殖污染防治条例》执行）	/	无污水排放口的规模化畜禽养殖场、养殖小区，设有污水排放口的规模以下畜禽养殖场、养殖小区
2	其他畜牧业 039	/	/	设有污水排放口的养殖场、养殖小区
二、煤炭开采和洗选业 06				
3	烟煤和无烟煤开采洗选 061，褐煤开采洗选 062，其他煤炭洗选 069	涉及通用工序重点管理的	涉及通用工序简化管理的	其他
三、石油和天然气开采业 07				
4	石油开采 071，天然气开采 072	涉及通用工序重点管理的	涉及通用工序简化管理的	其他
四、黑色金属矿采选业 08				
5	铁矿采选 081，锰矿、铬矿采选 082，其他黑色金属矿采选 089	涉及通用工序重点管理的	涉及通用工序简化管理的	其他

序号	行业类别	重点管理	简化管理	登记管理
五、有色金属矿采选业 09				
6	常用有色金属矿采选 091，贵金属矿采选 092，稀有稀土金属矿采选 093	涉及通用工序重点管理的	涉及通用工序简化管理的	其他
六、非金属矿采选业 10				
7	土砂石开采 101，化学矿开采 102，采盐 103，石棉及其他非金属矿采选 109	涉及通用工序重点管理的	涉及通用工序简化管理的	其他
七、其他采矿业 12				
8	其他采矿业 120	涉及通用工序重点管理的	涉及通用工序简化管理的	其他
八、农副食品加工业 13				
9	谷物磨制 131	/	/	谷物磨制 131*
10	饲料加工 132	/	饲料加工 132（有发酵工艺的）*	饲料加工 132（无发酵工艺的）*
11	植物油加工 133	/	除单纯混合或者分装以外的*	单纯混合或者分装的*
12	制糖业 134	日加工糖料能力 1000 吨及以上的原糖、成品糖或者精制糖生产	其他*	/
13	屠宰及肉类加工 135	年屠宰生猪 10 万头及以上的，年屠宰肉牛 1 万头及以上的，年屠宰肉羊 15 万头及以上的，年屠宰禽类 1000 万只及以上的	年屠宰生猪 2 万头及以上 10 万头以下的，年屠宰肉牛 0.2 万头及以上 1 万头以下的，年屠宰肉羊 2.5 万头及以上 15 万头以下的，年屠宰禽类 100 万只及以上 1000 万只以下的，年加工肉禽类 2 万吨及以上的	其他*

序号	行业类别	重点管理	简化管理	登记管理
14	水产品加工 136	/	年加工 10 万吨及以上的水产品冷冻加工 1361、鱼糜制品及水产品干腌制加工 1362、鱼油提取及制品制造 1363、其他水产品加工 1369	其他*
15	蔬菜、菌类、水果和坚果加工 137	涉及通用工序重点管理的	涉及通用工序简化管理的	其他*
16	其他农副食品加工 139	年加工能力 15 万吨玉米或者 1.5 万吨薯类及以上的淀粉生产或者年产 1 万吨及以上的淀粉制品生产，有发酵工艺的淀粉制品	除重点管理以外的年加工能力 1.5 万吨及以上玉米、0.1 万吨及以上薯类或豆类、4.5 万吨及以上小麦的淀粉生产、年产 0.1 万吨及以上的淀粉制品生产（不含有发酵工艺的淀粉制品）	其他*
九、食品制造业 14				
17	方便食品制造 143，其他食品制造 149	/	米、面制品制造 1431*、速冻食品制造 1432*，方便面制造 1433*，其他方便食品制造 1439*，食品及饲料添加剂制造 1495*，以上均不含手工制作、单纯混合或者分装的	其他*
18	焙烤食品制造 141，糖果、巧克力及蜜饯制造 142，罐头食品制造 145	涉及通用工序重点管理的	涉及通用工序简化管理的	其他*
19	乳制品制造 144	年加工 20 万吨及以上的（不含单纯混合或者分装的）	年加工 20 万吨以下的（不含单纯混合或者分装的）*	单纯混合或者分装的*

序号	行业类别	重点管理	简化管理	登记管理
20	调味品、发酵制品制造 146	有发酵工艺的味精、柠檬酸、赖氨酸、酵母制造，年产 2 万吨及以上且有发酵工艺的酱油、食醋制造	除重点管理以外的调味品、发酵制品制造（不含单纯混合或者分装的）*	单纯混合或者分装的*
十、酒、饮料和精制茶制造业 15				
21	酒的制造 151	酒精制造 1511，有发酵工艺的年生产能力 5000 千升及以上的白酒、啤酒、黄酒、葡萄酒、其他酒制造	有发酵工艺的年生产能力 5000 千升以下的白酒、啤酒、黄酒、葡萄酒、其他酒制造*	其他*
22	饮料制造 152	/	有发酵工艺或者原汁生产的*	其他*
23	精制茶加工 153	涉及通用工序重点管理的	涉及通用工序简化管理的	其他*
十一、烟草制品业 16				
24	烟叶复烤 161，卷烟制造 162，其他烟草制品制造 169	涉及通用工序重点管理的	涉及通用工序简化管理的	其他*
十二、纺织业 17				
25	棉纺织及印染精加工 171，毛纺织及染整精加工 172，麻纺织及染整精加工 173，丝绢纺织及印染精加工 174，化纤织造及印染精加工 175	有前处理、染色、印花、洗毛、麻脱胶、缫丝或者喷水织造工序的	仅含整理工序的	其他*
26	针织或钩针编织物及其制品制造 176，家用纺织制成品制造 177，产业用纺织制成品制造 178	涉及通用工序重点管理的	涉及通用工序简化管理的	其他*

序号	行业类别	重点管理	简化管理	登记管理
十三、纺织服装、服饰业 18				
27	机织服装制造 181，服饰制造 183	有水洗工序、湿法印花、染色工艺的	/	其他*
28	针织或钩针编织服装制造 182	涉及通用工序重点管理的	涉及通用工序简化管理的	其他*
十四、皮革、毛皮、羽毛及其制品和制鞋业 19				
29	皮革鞣制加工 191，毛皮鞣制及制品加工 193	有鞣制工序的	皮革鞣制加工 191（无鞣制工序的）	毛皮鞣制及制品加工 193(无鞣制工序的)
30	皮革制品制造 192	涉及通用工序重点管理的	涉及通用工序简化管理的	其他*
31	羽毛（绒）加工及制品制造 194	羽毛（绒）加工 1941（有水洗工序的）	/	羽毛（绒）加工 1941（无水洗工序的）*，羽毛（绒）制品制造 1942*
32	制鞋业 195	纳入重点排污单位名录的	除重点管理以外的年使用 10 吨及以上溶剂型胶黏剂或者 3 吨及以上溶剂型处理剂的	其他*
十五、木材加工和木、竹、藤、棕、草制品业 20				
33	人造板制造 202	纳入重点排污单位名录的	除重点管理以外的胶合板制造 2021（年产 10 万立方米及以上的）、纤维板制造 2022、刨花板制造 2023、其他人造板制造 2029（年产 10 万立方米及以上的）	其他*
34	木材加工 201，木质制品制造 203,竹、藤、棕、草等制品制造 204	涉及通用工序重点管理的	涉及通用工序简化管理的	其他*

序号	行业类别	重点管理	简化管理	登记管理
十六、家具制造业 21				
35	木质家具制造 211，竹、藤家具制造 212，金属家具制造 213，塑料家具制造 214，其他家具制造 219	纳入重点排污单位名录的	除重点管理以外的年使用 10 吨及以上溶剂型涂料或者胶黏剂（含稀释剂、固化剂）的、年使用 20 吨及以上水性涂料或者胶黏剂的、有磷化表面处理工艺的	其他*
十七、造纸和纸制品业 22				
36	纸浆制造 221	全部	/	/
37	造纸 222	机制纸及纸板制造 2221、手工纸制造 2222	有工业废水和废气排放的加工纸制造 2223	除简化管理外的加工纸制造 2223*
38	纸制品制造 223	/	有工业废水或者废气排放的	其他*
十八、印刷和记录媒介复制业 23				
39	印刷 231	纳入重点排污单位名录的	除重点管理以外的年使用 80 吨及以上溶剂型油墨、涂料或者 10 吨及以上溶剂型稀释剂的包装装潢印刷	其他*
40	装订及印刷相关服务 232，记录媒介复制 233	涉及通用工序重点管理的	涉及通用工序简化管理的	其他*
十九、文教、工美、体育和娱乐用品制造业 24				
41	文教办公用品制造 241，乐器制造 242，工艺美术及礼仪用品制造 243，体育用品制造 244，玩具制造 245，游艺器材及娱乐用品制造 246	涉及通用工序重点管理的	涉及通用工序简化管理的	其他*

序号	行业类别	重点管理	简化管理	登记管理
二十、石油、煤炭及其他燃料加工业 25				
42	精炼石油产品制造 251	原油加工及石油制品制造 2511，其他原油制造 2519，以上均不含单纯混合或者分装的	/	单纯混合或者分装的
43	煤炭加工 252	炼焦 2521，煤制合成气生产 2522，煤制液体燃料生产 2523	/	煤制品制造 2524，其他煤炭加工 2529
44	生物质燃料加工 254	涉及通用工序重点管理的	涉及通用工序简化管理的	其他
二十一、化学原料和化学制品制造业 26				
45	基础化学原料制造 261	无机酸制造 2611，无机碱制造 2612，无机盐制造 2613，有机化学原料制造 2614，其他基础化学原料制造 2619（非金属无机氧化物、金属氧化物、金属过氧化物、金属超氧化物、硫黄、磷、硅、精硅、硒、砷、硼、碲），以上均不含单纯混合或者分装的	单纯混合或者分装的无机酸制造 2611、无机碱制造 2612、无机盐制造 2613、有机化学原料制造 2614、其他基础化学原料制造 2619（非金属无机氧化物、金属氧化物、金属过氧化物、金属超氧化物、硫黄、磷、硅、精硅、硒、砷、硼、碲）	其他基础化学原料制造 2619（除重点管理、简化管理以外的）
46	肥料制造 262	氮肥制造 2621，磷肥制造 2622，复混肥料制造 2624，以上均不含单纯混合或者分装的	钾肥制造 2623，有机肥料及微生物肥料制造 2625，其他肥料制造 2629，以上均不含单纯混合或者分装的；氮肥制造 2621（单纯混合或者分装的）	其他

序号	行业类别	重点管理	简化管理	登记管理
47	农药制造 263	化学农药制造 2631（包含农药中间体，不含单纯混合或者分装的），生物化学农药及微生物农药制造 2632（有发酵工艺的）	化学农药制造 2631（单纯混合或者分装的），生物化学农药及微生物农药制造 2632（无发酵工艺的）	/
48	涂料、油墨、颜料及类似产品制造 264	涂料制造 2641，油墨及类似产品制造 2642，工业颜料制造 2643，工艺美术颜料制造 2644，染料制造 2645，以上均不含单纯混合或者分装的	单纯混合或者分装的涂料制造 2641、油墨及类似产品制造 2642，密封用填料及类似品制造 2646（不含单纯混合或者分装的）	其他
49	合成材料制造 265	初级形态塑料及合成树脂制造 2651，合成橡胶制造 2652，合成纤维单（聚合）体制造 2653，其他合成材料制造 2659（陶瓷纤维等特种纤维及其增强的复合材料的制造）	/	其他合成材料制造 2659（除陶瓷纤维等特种纤维及其增强的复合材料的制造以外的）
50	专用化学产品制造 266	化学试剂和助剂制造 2661，专项化学用品制造 2662，林产化学产品制造 2663（有热解或者水解工艺的），以上均不含单纯混合或者分装的	林产化学产品制造 2663（无热解或者水解工艺的），文化用信息化学品制造 2664，医学生产用信息化学品制造 2665，环境污染处理专用药剂材料制造 2666，动物胶制造 2667，其他专用化学产品制造 2669，以上均不含单纯混合或者分装的	单纯混合或者分装的

序号	行业类别	重点管理	简化管理	登记管理
51	炸药、火工及焰火产品制造 267	涉及通用工序重点管理的	涉及通用工序简化管理的	其他
52	日用化学产品制造 268	肥皂及洗涤剂制造 2681（以油脂为原料的肥皂或者皂粒制造），香料、香精制造 2684（香料制造），以上均不含单纯混合或者分装的	肥皂及洗涤剂制造 2681（采用高塔喷粉工艺的合成洗衣粉制造），香料、香精制造 2684（采用热反应工艺的香精制造）	肥皂及洗涤剂制造 2681（除重点管理、简化管理以外的），化妆品制造 2682，口腔清洁用品制造 2683，香料、香精制造 2684（除重点管理、简化管理以外的），其他日用化学产品制造 2689
二十二、医药制造业 27				
53	化学药品原料药制造 271	全部	/	/
54	化学药品制剂制造 272	化学药品制剂制造 2720（不含单纯混合或者分装的）	/	单纯混合或者分装的
55	中药饮片加工 273，药用辅料及包装材料制造 278	涉及通用工序重点管理的	涉及通用工序简化管理的	其他*
56	中成药生产 274	/	有提炼工艺的	其他*
57	兽用药品制造 275	兽用药品制造 2750（不含单纯混合或者分装的）	/	单纯混合或者分装的
58	生物药品制品制造 276	生物药品制造 2761，基因工程药物和疫苗制造 2762，以上均不含单纯混合或者分装的	/	单纯混合或者分装的

序号	行业类别	重点管理	简化管理	登记管理
59	卫生材料及医药用品制造 277	/	/	卫生材料及医药用品制造 2770
二十三、化学纤维制造业 28				
60	纤维素纤维原料及纤维制造 281，合成纤维制造 282，生物基材料制造 283	化纤浆粕制造 2811，人造纤维（纤维素纤维）制造 2812，锦纶纤维制造 2821，涤纶纤维制造 2822，腈纶纤维制造 2823，维纶纤维制造 2824，氨纶纤维制造 2826，其他合成纤维制造 2829，生物基化学纤维制造 2831（莱赛尔纤维制造）	/	丙纶纤维制造 2825，生物基化学纤维制造 2831（除莱赛尔纤维制造以外的），生物基、淀粉基新材料制造 2832
二十四、橡胶和塑料制品业 29				
61	橡胶制品业 291	纳入重点排污单位名录的	除重点管理以外的轮胎制造 2911，年耗胶量 2000 吨及以上的橡胶板、管、带制造 2912，橡胶零件制造 2913，再生橡胶制造 2914，日用及医用橡胶制品制造 2915，运动场地用塑胶制造 2916，其他橡胶制品制造 2919	其他

序号	行业类别	重点管理	简化管理	登记管理
62	塑料制品业 292	塑料人造革、合成革制造 2925	年产 1 万吨及以上的泡沫塑料制造 2924，年产 1 万吨及以上涉及改性的塑料薄膜制造 2921，塑料板、管、型材制造 2922，塑料丝、绳和编织品制造 2923，塑料包装箱及容器制造 2926，日用塑料品制造 2927，人造草坪制造 2928，塑料零件及其他塑料制品制造 2929	其他
二十五、非金属矿物制品业 30				
63	水泥、石灰和石膏制造 301，石膏、水泥制品及类似制品制造 302	水泥（熟料）制造	水泥粉磨站、石灰和石膏制造 3012	水泥制品制造 3021，砼结构构件制造 3022，石棉水泥制品制造 3023，轻质建筑材料制造 3024，其他水泥类似制品制造 3029
64	砖瓦、石材等建筑材料制造 303	黏土砖瓦及建筑砌块制造 3031（以煤或者煤矸石为燃料的烧结砖瓦）	黏土砖瓦及建筑砌块制造 3031（除以煤或者煤矸石为燃料的烧结砖瓦以外的），建筑用石加工 3032，防水建筑材料制造 3033，隔热和隔音材料制造 3034，其他建筑材料制造 3039，以上均不含仅切割加工的	仅切割加工的
65	玻璃制造 304	平板玻璃制造 3041	特种玻璃制造 3042	其他玻璃制造 3049

序号	行业类别	重点管理	简化管理	登记管理
66	玻璃制品制造305	以煤、石油焦、油和发生炉煤气为燃料的	以天然气为燃料的	其他
67	玻璃纤维和玻璃纤维增强塑料制品制造306	以煤、石油焦、油和发生炉煤气为燃料的	以天然气为燃料的	其他
68	陶瓷制品制造307	建筑陶瓷制品制造3071（以煤、石油焦、油和发生炉煤气为燃料的），卫生陶瓷制品制造3072（年产150万件及以上的），日用陶瓷制品制造3074（年产250万件及以上的）	建筑陶瓷制品制造3071（以天然气为燃料的）	建筑陶瓷制品制造3071（除重点管理、简化管理以外的），卫生陶瓷制品制造3072（年产150万件以下的），日用陶瓷制品制造3074（年产250万件以下的），特种陶瓷制品制造3073，陈设艺术陶瓷制造3075，园艺陶瓷制造3076，其他陶瓷制品制造3079
69	耐火材料制品制造308	石棉制品制造3081	以煤、石油焦、油和发生炉煤气为燃料的云母制品制造3082，耐火陶瓷制品及其他耐火材料制造3089	除简化管理以外的云母制品制造3082，耐火陶瓷制品及其他耐火材料制造3089
70	石墨及其他非金属矿物制品制造309	石墨及碳素制品制造3091（石墨制品、碳制品、碳素新材料），其他非金属矿物制品制造3099（多晶硅棒）	石墨及碳素制品制造3091（除石墨制品、碳制品、碳素新材料以外的），其他非金属矿物制品制造3099（单晶硅棒，沥青混合物）	其他非金属矿物制品制造3099（除重点管理、简化管理以外的）

序号	行业类别	重点管理	简化管理	登记管理
二十六、黑色金属冶炼和压延加工业 31				
71	炼铁 311	含炼铁、烧结、球团等工序的生产	/	/
72	炼钢 312	全部	/	/
73	钢压延加工 313	年产 50 万吨及以上的冷轧	热轧及年产 50 万吨以下的冷轧	其他
74	铁合金冶炼 314	铁合金冶炼 3140	/	/
二十七、有色金属冶炼和压延加工业 32				
75	常用有色金属冶炼 321	铜、铅锌、镍钴、锡、锑、铝、镁、汞、钛等常用有色金属冶炼（含再生铜、再生铝和再生铅冶炼）	/	其他
76	贵金属冶炼 322	金冶炼 3221，银冶炼 3222，其他贵金属冶炼 3229	/	/
77	稀有稀土金属冶炼 323	钨钼冶炼 3231，稀土金属冶炼 3232，其他稀有金属冶炼 3239	/	/
78	有色金属合金制造 324	铅基合金制造，年产 2 万吨及以上的其他有色金属合金制造	其他	/
79	有色金属压延加工 325	/	有轧制或者退火工序的	其他

序号	行业类别	重点管理	简化管理	登记管理
二十八、金属制品业 33				
80	结构性金属制品制造331，金属工具制造332，集装箱及金属包装容器制造333，金属丝绳及其制品制造334，建筑、安全用金属制品制造335，搪瓷制品制造337，金属制日用品制造338，铸造及其他金属制品制造339（除黑色金属铸造3391、有色金属铸造3392）	涉及通用工序重点管理的	涉及通用工序简化管理的	其他
81	金属表面处理及热处理加工336	纳入重点排污单位名录的，专业电镀企业（含电镀园区中电镀企业），专门处理电镀废水的集中处理设施，有电镀工序的，有含铬钝化工序的	除重点管理以外的有酸洗、抛光（电解抛光和化学抛光）、热浸镀（溶剂法）、淬火或者无铬钝化等工序的、年使用10吨及以上有机溶剂的	其他
82	铸造及其他金属制品制造339	黑色金属铸造3391（使用冲天炉的），有色金属铸造3392（生产铅基及铅青铜铸件的）	除重点管理以外的黑色金属铸造3391、有色金属铸造3392	/

序号	行业类别	重点管理	简化管理	登记管理
二十九、通用设备制造业 34				
83	锅炉及原动设备制造341，金属加工机械制造342，物料搬运设备制造343，泵、阀门、压缩机及类似机械制造344，轴承、齿轮和传动部件制造345，烘炉、风机、包装等设备制造346，文化、办公用机械制造347，通用零部件制造348，其他通用设备制造业349	涉及通用工序重点管理的	涉及通用工序简化管理的	其他
三十、专用设备制造业 35				
84	采矿、冶金、建筑专用设备制造351,化工、木材、非金属加工专用设备制造352，食品、饮料、烟草及饲料生产专用设备制造353，印刷、制药、日化及日用品生产专用设备制造354，纺织、服装和皮革加工专用设备制造355，电子和电工机械专用设备制造356，农、林、牧、渔专用机械制造357，医疗仪器设备及器械制造358，环保、邮政、社会公共服务及其他专用设备制造359	涉及通用工序重点管理的	涉及通用工序简化管理的	其他

序号	行业类别	重点管理	简化管理	登记管理
三十一、汽车制造业 36				
85	汽车整车制造361，汽车用发动机制造362，改装汽车制造363，低速汽车制造364，电车制造365，汽车车身、挂车制造366，汽车零部件及配件制造367	纳入重点排污单位名录的	除重点管理以外的汽车整车制造361，除重点管理以外的年使用10吨及以上溶剂型涂料或者胶黏剂（含稀释剂、固化剂、清洗溶剂）的汽车用发动机制造362，改装汽车制造363，低速汽车制造364，电车制造365，汽车车身、挂车制造366，汽车零部件及配件制造367	其他
三十二、铁路、船舶、航空航天和其他运输设备制造 37				
86	铁路运输设备制造371，城市轨道交通设备制造372，船舶及相关装置制造373，航空、航天器及设备制造374，摩托车制造375，自行车和残疾人座车制造376，助动车制造377，非公路休闲车及零配件制造378，潜水救捞及其他未列明运输设备制造379	纳入重点排污单位名录的	除重点管理以外的年使用10吨及以上溶剂型涂料或者胶黏剂（含稀释剂、固化剂、清洗溶剂）的	其他
三十三、电气机械和器材制造业 38				
87	电机制造381，输配电及控制设备制造382，电线、电缆、光缆及电工器材制造383，家用电力器具制造385，非电力家用器具制造386，照明器具制造387，其他电气机械及器材制造389	涉及通用工序重点管理的	涉及通用工序简化管理的	其他

序号	行业类别	重点管理	简化管理	登记管理
88	电池制造 384	铅酸蓄电池制造 3843	锂离子电池制造 3841，镍氢电池制造 3842，锌锰电池制造 3844，其他电池制造 3849	/
三十四、计算机、通信和其他电子设备制造业 39					
89	计算机制造 391，电子器件制造 397，电子元件及电子专用材料制造 398，其他电子设备制造 399	纳入重点排污单位名录的	除重点管理以外的年使用 10 吨及以上溶剂型涂料（含稀释剂）的	其他
90	通信设备制造 392，广播电视设备制造 393，雷达及配套设备制造 394，非专业视听设备制造 395，智能消费设备制造 396	涉及通用工序重点管理的	涉及通用工序简化管理的	其他
三十五、仪器仪表制造业 40					
91	通用仪器仪表制造 401，专用仪器仪表制造 402，钟表与计时仪器制造 403，光学仪器制造 404，衡器制造 405，其他仪器仪表制造业 409	涉及通用工序重点管理的	涉及通用工序简化管理的	其他
三十六、其他制造业 41					
92	日用杂品制造 411，其他未列明制造业 419	涉及通用工序重点管理的	涉及通用工序简化管理的	其他
三十七、废弃资源综合利用业 42					
93	金属废料和碎屑加工处理 421，非金属废料和碎屑加工处理 422	废电池、废油、废轮胎加工处理	废弃电器电子产品、废机动车、废电机、废电线电缆、废塑料、废船、含水洗工艺的其他废料和碎屑加工处理	其他

序号	行业类别	重点管理	简化管理	登记管理
三十八、金属制品、机械和设备修理业 43				
94	金属制品修理 431，通用设备修理 432，专用设备修理 433，铁路、船舶、航空航天等运输设备修理 434，电气设备修理 435，仪器仪表修理 436，其他机械和设备修理业 439	涉及通用工序重点管理的	涉及通用工序简化管理的	其他*
三十九、电力、热力生产和供应业 44				
95	电力生产 441	火力发电 4411，热电联产 4412，生物质能发电 4417（生活垃圾、污泥发电）	生物质能发电 4417（利用农林生物质、沼气发电、垃圾填埋气发电）	/
96	热力生产和供应 443	单台或者合计出力 20 吨 / 小时（14 兆瓦）及以上的锅炉（不含电热锅炉）	单台且合计出力 20 吨 / 小时（14 兆瓦）以下的锅炉（不含电热锅炉和单台且合计出力 1 吨 / 小时（0.7 兆瓦）及以下的天然气锅炉）	单台且合计出力 1 吨 / 小时（0.7 兆瓦）及以下的天然气锅炉
四十、燃气生产和供应业 45				
97	燃气生产和供应业 451，生物质燃气生产和供应业 452	涉及通用工序重点管理的	涉及通用工序简化管理的	其他
四十一、水的生产和供应业 46				
98	自来水生产和供应 461，海水淡化处理 463，其他水的处理、利用与分配 469	涉及通用工序重点管理的	涉及通用工序简化管理的	其他
99	污水处理及其再生利用 462	工业废水集中处理场所，日处理能力 2 万吨及以上的城乡污水集中处理场所	日处理能力 500 吨及以上 2 万吨以下的城乡污水集中处理场所	日处理能力 500 吨以下的城乡污水集中处理场所

序号	行业类别	重点管理	简化管理	登记管理
四十二、零售业 52				
100	汽车、摩托车、零配件和燃料及其他动力销售 526	/	位于城市建成区的加油站	其他加油站
四十三、水上运输业 55				
101	水上运输辅助活动 553	/	单个泊位 1000 吨级及以上的内河、单个泊位 1 万吨级及以上的沿海专业化干散货码头（煤炭、矿石）、通用散货码头	其他货运码头 5532
四十四、装卸搬运和仓储业 59				
102	危险品仓储 594	总容量 10 万立方米及以上的油库（含油品码头后方配套油库，不含储备油库）	总容量 1 万立方米及以上 10 万立方米以下的油库（含油品码头后方配套油库，不含储备油库）	其他危险品仓储（含油品码头后方配套油库，不含储备油库）
四十五、生态保护和环境治理业 77				
103	环境治理业 772	专业从事危险废物贮存、利用、处理、处置（含焚烧发电）的，专业从事一般工业固体废物贮存、处置（含焚烧发电）的	/	/
四十六、公共设施管理业 78				
104	环境卫生管理 782	生活垃圾（含餐厨废弃物）、生活污水处理污泥集中焚烧、填埋	生活垃圾（含餐厨废弃物）、生活污水处理污泥集中处理（除焚烧、填埋以外的），日处理能力 50 吨及以上的城镇粪便集中处理，日转运能力 150 吨及以上的垃圾转运站	日处理能力 50 吨以下的城镇粪便集中处理，日转运能力 150 吨以下的垃圾转运站

序号	行业类别	重点管理	简化管理	登记管理
四十七、居民服务业 80				
105	殡葬服务 808	/	火葬场	/
四十八、机动车、电子产品和日用品修理业 81				
106	汽车、摩托车等修理与维护 811	/	营业面积 5000 平方米及以上且有涂装工序的	/
四十九、卫生 84				
107	医院 841，专业公共卫生服务 843	床位 500 张及以上的（不含专科医院 8415 中的精神病、康复和运动康复医院以及疗养院 8416）	床位 100 张及以上的专科医院 8415（精神病、康复和运动康复医院）以及疗养院 8416，床位 100 张及以上 500 张以下的综合医院 8411，中医医院 8412，中西医结合医院 8413，民族医院 8414，专科医院 8415（不含精神病、康复和运动康复医院）	疾病预防控制中心 8431，床位 100 张以下的综合医院 8411，中医医院 8412，中西医结合医院 8413，民族医院 8414，专科医院 8415，疗养院 8416
五十、其他行业				
108	除 1–107 外的其他行业	涉及通用工序重点管理的，存在本名录第七条规定情形之一的	涉及通用工序简化管理的	涉及通用工序登记管理的
五十一、通用工序				
109	锅炉	纳入重点排污单位名录的	除纳入重点排污单位名录的，单台或者合计出力 20 吨/小时（14 兆瓦）及以上的锅炉（不含电热锅炉）	除纳入重点排污单位名录的，单台且合计出力 20 吨/小时（14 兆瓦）以下的锅炉（不含电热锅炉）

序号	行业类别	重点管理	简化管理	登记管理
110	工业炉窑	纳入重点排污单位名录的	除纳入重点排污单位名录的，除以天然气或者电为能源的加热炉、热处理炉、干燥炉（窑）以外的其他工业炉窑	除纳入重点排污单位名录的，以天然气或者电为能源的加热炉、热处理炉或者干燥炉（窑）
111	表面处理	纳入重点排污单位名录的	除纳入重点排污单位名录的，有电镀工序、酸洗、抛光（电解抛光和化学抛光）、热浸镀（溶剂法）、淬火或者钝化等工序的、年使用10吨及以上有机溶剂的	其他
112	水处理	纳入重点排污单位名录的	除纳入重点排污单位名录的，日处理能力2万吨及以上的水处理设施	除纳入重点排污单位名录的，日处理能力500吨及以上2万吨以下的水处理设施

注：1. 表格中标"＊"号者，是指在工业建筑中生产的排污单位。工业建筑的定义参见《工程结构设计基本术语标准》（GB/T 50083—2014），是指提供生产用的各种建筑物，如车间、厂前区建筑、生活间、动力站、库房和运输设施等。

2. 表格中涉及溶剂、涂料、油墨、胶黏剂等使用量的排污单位，其投运满三年的，使用量按照近三年年最大量确定；其投运满一年但不满三年的，使用量按投运期间年最大量确定；其未投运或者投运不满一年的，按照环境影响报告书（表）批准文件确定。投运日期为排污单位发生实际排污行为的日期。

3. 根据《中华人民共和国环境保护税法实施条例》，城乡污水集中处理场所，是指为社会公众提供生活污水处理服务的场所，不包括为工业园区、开发区等工业聚集区域内的排污单位提供污水处理服务的场所，以及排污单位自建自用的污水处理场所。

4. 本名录中的电镀工序，是指电镀、化学镀、阳极氧化等生产工序。

5. 本名录不包括位于生态环境法律法规禁止建设区域内的，或生产设施或产品属于产业政策立即淘汰类的排污单位。

关于印发《全面实行排污许可制实施方案》的通知

（环环评〔2024〕79号）

各省、自治区、直辖市生态环境厅（局），新疆生产建设兵团生态环境局：

为贯彻落实党的二十大、二十届三中全会精神，推进美丽中国建设，全面实行排污许可制，我部组织制定了《全面实行排污许可制实施方案》。现印发给你们，请抓好落实。

生态环境部

2024年11月3日

全面实行排污许可制实施方案

排污许可制作为国家环境治理体系的重要组成部分，是固定污染源监管制度体系的核心制度。为贯彻落实党的二十大、二十届三中全会精神，推进美丽中国建设，全面实行排污许可制，服务高质量发展，制定本方案。

一、工作目标

到2025年，全面完成工业噪声、工业固体废物排污许可管理，基本完成海洋工程排污许可管理；制修订污染物排放量核算方法等一批排污许可技术规范；完成全国火电、钢铁、水泥等行业生态环境统计与排污许可融合。

到 2027 年，固定污染源排污许可制度体系更加完善，主要污染物排放量全部许可管控，落实以排污许可制为核心的固定污染源监管制度，排污许可"一证式"管理全面落实，固定污染源排污许可全要素、全联动、全周期管理基本实现，排污许可制度效能有效发挥。

二、持续深化排污许可制度改革

（一）完善法律法规标准体系。配合编纂《生态环境法典》，完善排污许可法律法规体系。推动污染物排放标准制修订工作，完善超标判定方法。推动修订《固定污染源排污许可分类管理名录》，制订固定污染源排污登记管理名录，完善土壤、海洋、工业固体废物和工业噪声等管理需要。发布固定污染源污染物排放量核算方法技术规范，制修订一批排污许可技术规范，完善重点行业自行监测技术指南和重点行业污染防治可行技术指南，开展工业噪声污染防治技术可行性研究，健全排污许可技术体系。

（二）优化排污许可管理体系。推动工业噪声、工业固体废物等环境要素依法纳入排污许可管理，开展海洋工程排污许可证申请与核发，探索将地下水污染防治要求、畜禽养殖氨排放依法纳入排污许可管理的路径。优化排污许可证格式及管理内容，实施新版排污许可证。规范排污许可管理流程，强化排污许可事中事后管理。建立排污许可管理标杆指标体系，打造一批排污许可管理的标杆地区、行业和企业。

（三）强化排污许可事中事后管理。建立部门联审联查、共管共用工作机制，组织按照水、大气、海洋、土壤、固体废物、噪声以及自行监测等环境管理要求分工审查，对首次申请或者因涉及改（扩）建建设项目、污染物排放去向变化、排放口数量增加而重新申请的排污许可证进行现场核查，视情况组织开展联合现场核查。制订发布排污许可证执行报告核查技术规范，组织开展排污许可证及执行报告常态化核查，完善"企业自查、地市排查、省级抽查、国家复核"质量保障机制。对首次申请、重新申请排污许可证分别按 20%、10% 的比例每年滚动开展常态化抽查,将排污许可证和执行报告核查纳入固定污染源重点工作,持续推进排污许可提质增效。

(四)保障污染防治攻坚战。落实重污染天气应急减排措施,推动实施已完成超低排放改造排污许可证的动态管理。建立排污许可与污染源排放清单、重污染天气应急减排清单数据共享、动态关联匹配和联动管理机制。依法明确排污口责任主体自行监测、信息公开等要求,做好入河(海)排污口管理与排污许可管理的衔接。完善土壤污染重点监管单位联合监管和信息共享机制,载明排放重点管控新污染物的排污单位应采取的污染控制措施。

三、落实以排污许可制为核心的固定污染源监管制度

(五)深化环境影响评价制度衔接。统筹建设项目环境影响评价和排污许可协同改革,完善与排污许可制度相适应的污染影响类项目环评管理体系。制修订环境影响评价技术导则,统一污染物排放量核算方法。修订《建设项目环境影响评价分类管理名录》,协调固定污染源分类管理类别。深化生态环境分区管控、产业园区规划环境影响评价、建设项目环境影响评价与排污许可制度的改革联动,将环境影响评价文件及批复中关于污染物排放种类、浓度、排放量、排放方式及特殊监管要求纳入排污许可证。优化排污登记表内容,适应环境影响评价改革需求。

(六)推进总量控制制度衔接。制修订污染物许可排放量核算方法,对达标区和非达标区排污单位分类施策,推动环境质量不达标地区通过提高排放标准或者加严许可排放量等措施,实施更为严格的污染物排放总量控制。首次核发排污许可证的许可排放量应根据总量控制指标、环境影响评价文件及其批复的污染物排放量等依法合理确定。加强污染源自动监控管理,完善自动监测管理规范,强化自动监测数据分析应用,推进污染物排放量执法监管。将排污许可证作为排污权的确认凭证、排污交易的管理载体。排污单位实施

的减排工程措施及主要污染物削减量应在排污许可证中进行记载。

（七）优化自行监测制度联动。建立排污许可证为核心的自行监测监督管理机制，开展排污单位自行监测帮扶指导。实施固定污染源排放口编码管理，推进全国排污许可证管理信息平台、执法监管平台排放口编码统一，推动各级生态环境部门共享监测信息。完善排污单位自行监测质量管理规定和标准，加强自行监测过程管理。

（八）加快生态环境统计制度衔接融合。启动重点行业生态环境统计与排污许可衔接工作，形成生态环境统计和排污许可统一信息报表，逐步统一规范固定污染源填报内容、污染控制因子、核算范围和方法、管理要求等。2025 年开展全国火电、钢铁、水泥等重点行业全面衔接试点，制作统一信息报表并纳入全国排污许可证管理信息平台统一填报，相关数据同步传输至生态环境统计业务系统，强化数据质量控制，实现一次填报同时满足两项需求。到 2027 年，推动排污许可证执行报告数据全面应用于生态环境统计，实现一个企业、一个口径、一套数据。

（九）强化环境保护税衔接。统一环境保护税与排污许可量化管控的污染物种类及实际排放量核算方法，对排污许可证明确的污染物排放口分别进行污染物排放量核算，推进基于排污许可证执行报告数据的环境保护税征管协作机制。按照国家政务数据共享管理有关要求，建立管理信息交换与共享常态化工作机制，持续完善全国排污许可证管理信息平台与金税系统数据对接与共享机制。到 2027 年，排污许可证执行报告数据成为环境保护税纳税申报的重要依据。

（十）探索其他环境管理制度衔接。建立与重点管控新污染物的衔接机制，研究将电磁辐射、伴生放射性环境影响依法纳入排污许可证管理体系的实施路径。探索入河（海）排污口设置、危险废物经营许可证与排污许可证衔接的实施路径和内容，鼓励有条件的地区开展先行先试。推动全国固体废物管理信息系统与全国排污许可证管理信息平台数据对接，深化环境信息依法披露制度改革，推动环境信息数据互联互通、共享共用。

四、全面落实固定污染源"一证式"管理

（十一）夯实排污单位主体责任。排污单位严格按照排污许可证规定，运行和维护污染防治设施，建立环境管理制度，严格控制污染物排放。排污单位实行自主申领、自我承诺、自行监测、自主记录、自主报告、自行公开，建立基于排污许可证的排污单位环境管理制度，明确关键岗位责任人和责任事项，规范排污许可日常管理，建立排污单位排污许可证及执行情况自我核查、自我监督的工作机制。排污登记单位应如实填报污染物排放信息，对填报信息的真实性、准确性和完整性负责，按照生态环境法律法规规章等管理规定控制污染物排放。

（十二）严格排污许可监管执法。排污单位是生态环境部门固定污染源日常监督执法的主要对象。排污许可证作为对排污单位进行生态环境监管的主要依据，要以排污许可证为载体，强化排污许可、环境监测、环境执法的联合监管、资源共享和信息互通。监测部门做好排污许可证申请材料中自行监测方案的合规性核查、执法检查的技术支持，并及时将有关情况反馈给排污许可审批和环境执法部门；排污许可审批部门根据自行监测执法检查、合规性核查结果，督促排污单位依法变更或者重新申请排污许可证，按时提交排污许可证执行报告；环境执法部门开展排污许可清单式执法检查，建立以排污许可证为主要依据的生态环境日常执法监督工作体系，开展固定污染源"双随机、一公开"日常监管。加强对排污许可重点管理排污单位自动监测设备的依法安装、使用、联网和正常运行等情况的执法检查。鼓励组织开展排污登记信息抽查，重点检查降级登记问题、排放标准等内容。严惩违法行为，加大对排污许可违法行为震慑力度，将排污许可制度执行过程中存在的突出问题线索纳入生态环境监督帮扶范畴。

（十三）提升执法智能化信息化水平。推动排放口规范化建设和污染物

排放口规范设置二维码标识，推动排污许可证电子化管理。推行非现场监管，将全国排污许可证管理信息平台获取排放数据作为非现场监管的重要依据，为现场监管提供违法行为线索。优化环境执法技术手段，创新信息化监管方式，有序推动移动执法系统、在线监测系统和全国排污许可证管理信息平台的数据对接，排污许可数据全面支撑固定污染源日常监管和环境执法监督。

（十四）强化社会监督。生态环境部门要依法主动公开排污许可证和处罚决定，畅通有效的意见交流渠道，接受社会监督。建立环境守法和诚信信息共享机制，推动环境信用监管体系构建，将排污单位处罚决定纳入全国信用信息共享平台并及时在"信用中国"网站公开。建立公众有奖举报机制，推动社会公众、企业职工、行业协会、民间团体等参与监督，营造政府引导、企业守法、社会监督的良好氛围。

五、做好排污许可基础保障建设

（十五）优化全国排污许可证管理信息平台。完善数据采集管理、共享互通、智能校核、统计分析等功能，提升平台规范化、智能化、便捷化、稳定化水平。制定平台建设、共享接口技术规定，建立平台运维管理规范化制度。加强排污许可数据库建设，推进固定污染源信息资源共享共用和协同管理，强化数据共享与整合应用。编制排污许可证辅助校核规则，研发辅助校核模块，持续提升排污许可证数据质量。

（十六）加强组织保障。生态环境主管部门统一思想，明确目标任务，强化统筹协调，制定实施计划，落实人员和经费保障，确保按时限完成工作任务。鼓励开展排污许可前瞻性研究，启动环评与排污许可学科建设，提高排污许可科技支撑水平。强化基层能力建设，开展排污许可技能大赛。鼓励出台规范排污许可技术机构管理指导文件，建设高素质专业化排污许可技术支撑团队。

关于印发《固定污染源排污登记工作指南（试行）》的通知

（环办环评函〔2020〕9号）

各省、自治区、直辖市生态环境厅（局），新疆生产建设兵团生态环境局：

排污登记管理是排污许可制度的重要组成部分，是实现固定污染源环境管理全覆盖，贯彻落实"放管服"改革要求，减轻排污单位负担的重要举措。为做好固定污染源排污登记管理，根据《固定污染源排污许可分类管理名录（2019年版）》的有关要求，我部制定了《固定污染源排污登记工作指南（试行）》。现予印发，自印发之日起施行。

地方各级生态环境部门督促指导排污单位，按期完成排污登记，加大监督检查力度，采取"双随机、一公开"等方式对排污单位开展日常生态环境监管执法。发现排污单位应当填报排污登记表而未填报的，或者应当申请排污许可证但擅自降低管理类别填报排污登记表的，生态环境部门应依法予以处罚。

地方各级生态环境部门要认真组织落实，加强监管指导，切实做好固定污染源排污登记管理工作。施行中遇到困难和问题，请及时向我部反馈。

生态环境部办公厅

2020年1月6日

固定污染源排污登记工作指南（试行）

固定污染源排污登记，是指污染物产生量、排放量和对环境的影响程度很小，依法不需要申请取得排污许可证的企业事业单位和其他生产经营者（以下简称排污单位），应当填报排污登记表。

一、适用范围和登记时限

实行排污登记管理的范围依照《固定污染源排污许可分类管理名录（2019年版）》规定执行。

现有排污单位应当在我部规定的登记时限内填报排污登记表。新建排污单位应当在启动生产设施或者发生实际排污之前填报排污登记表。

二、登记方式

排污登记采取网上填报方式。排污单位在全国排污许可证管理信息平台（http：//permit.mee.gov.cn/permitExt）上填报排污登记表后，自动即时生成登记编号和回执，排污单位可以自行打印留存。

按照国家规定需要保密的排污单位，其排污登记要求另行规定。

三、登记内容

排污登记表的内容包括排污单位名称、注册地址、法定代表人或者实际负责人、联系方式、生产经营场所地址、行业类别、统一社会信用代码或组织机构代码、主要产品及产能等排污单位基本情况，污染物排放去向，执行的污染物排放标准以及采取的污染防治措施等信息。

排污单位应当遵守国家和地方相关生态环境保护法律法规、政策、标准等要求。排污单位对填报信息的真实性、准确性和完整性负责。

四、定期更新

排污登记表自登记编号之日起生效。对已登记排污单位，自其登记之日起满 5 年的，排污许可证管理信息平台自动发送登记信息更新提醒。地方各级生态环境主管部门要督促登记信息发生变化的排污单位及时更新。

五、变更登记

排污登记表有效期内，排污登记信息发生变动的，应当自发生变动之日起 20 日内进行变更登记。

六、注销登记

排污单位因关闭等原因不再排污的，应当及时在全国排污许可证管理信息平台注销排污登记表，排污单位在全国排污许可管理信息平台提交注销申请后，由平台自动即时生成回执，排污单位可以自行打印留存。

因排污单位生产规模扩大、污染物排放量增加等情况依法需要申领排污许可证的，应按规定及时申请取得排污许可证，并注销排污登记表。

七、信息公开

除国家规定需要保密的情形外，排污登记信息通过全国排污许可证管理信息平台向社会公开。

附件：1. 固定污染源排污登记表（样表）

　　　2. 固定污染源排污登记回执（样本）

附件 1

固定污染源排污登记表（样表）

（□首次登记　　□延续登记　　□变更登记）

单位名称（1）			
省份（2）		地市（3）	
区县（4）		注册地址（5）	
生产经营场所地址（6）			
行业类别（7）			
生产经营场所中心经度（8）	° ′ ″	中心纬度（9）	° ′ ″
统一社会信用代码（10）		组织机构代码 / 其他注册号（11）	
法定代表人 / 实际负责人（12）		联系方式	
生产工艺名称（13）	主要产品（14）	主要产品产能	计量单位

燃料使用信息　□有　□无			
燃料类别	燃料名称	使用量	单位
□固体燃料 □液体燃料 □气体燃料 □其他			□吨 / 年 □立方米 / 年

涉 VOCs 辅料使用信息（使用涉 VOCs 辅料 1 吨 / 年以上填写）（15） □有　□无			
辅料类别	辅料名称	使用量	单位
□涂料、漆 □胶 □有机溶剂 □油墨 □其他			□吨 / 年

废气　□有组织排放　□无组织排放　□无			
废气污染治理设施（16）	治理工艺		数量

排放口名称（17）	执行标准名称及标准号	数量

废水 □有 □无		
废水污染治理设施（18）	治理工艺	数量

排放口名称	执行标准名称及标准号	排放去向（19）
		□不外排 □间接排放：排入（污水处理厂名称） □直接排放：排入（水体名称）

工业固体废物 □有 □无		
工业固体废物名称	是否属于危险废物（20）	去向
	□是 □否	□贮存：□本单位/□送（单位名称） □处置：□本单位/□送（单位名称） 进行 □焚烧/□填埋/□其他方式处置 □利用：□本单位/□送（单位名称）
其他需要说明的信息		

注：（1）按经市场监督管理部门核准的法人登记名称填写，填写时应使用规范化汉字全称，与企业（单位）盖章所使用的名称一致。二级单位须同时用括号注明名称。

（2）、（3）、（4）指生产经营场所地址所在地省份、城市、区县。

（5）经市场监督管理部门核准，营业执照所载明的注册地址。

（6）排污单位实际生产经营场所所在地址。

（7）企业主营业务行业类别，按照2017年国民经济行业分类（GB/T 4754—2017）填报。尽量细化到四级行业类别，如"A0311 牛的饲养"。

（8）、（9）指生产经营场所中心经纬度坐标，应通过全国排污许可证管理信息平台中的GIS系统点选后自动生成经纬度。

（10）有统一社会信用代码的，此项为必填项。统一社会信用代码是一组长度为18位的用于法人和其他组织身份的代码。依据《法人和其他组织统一社会信用代码编码规则》（GB 32100—2015），由登记管理部门负责在法人和其他组织注册登记时发放统一代码。

（11）无统一社会信用代码的，此项为必填项。组织机构代码是根据中华人民共和国国家标准《全国组织机构代码编制规则》（GB 11714—1997），由组织机构代码登记主管部门给每个企业、事业单位、机关、社会团体和民办非企业单位颁发的在全国范围内唯一、始终不变的法定代码。组织机构代码由8位无属性的数字和一位校验码组成。填写时，应按照技术监督部门颁发的《中华人民共和国组织机构代码证》上的代码填写；其他注册号包括未办理三证合一的旧版营业执照注册号（15位代码）等。

（12）分公司可填写实际负责人。

（13）指与产品、产能相对应的主要生产工艺。非生产类单位可不填。

（14）填报主要产品及其生产能力。生产能力填写设计产能，无设计产能的可填上一年实际产量。非生产类单位可不填。

（15）涉VOCs辅料包括涂料、油漆、胶粘剂、油墨、有机溶剂和其他含挥发性有机物的辅料，分为水性辅料和油性辅料，使用量应包含稀释剂、固化剂等添加剂的量。

（16）污染治理设施名称，对于有组织废气，污染治理设施名称包括除尘器、脱硫设施、脱硝设施、VOCs治理设施等；对于无组织废气排放，污染治理设施名称包括分散式除尘器、移动式焊烟净化器等。

（17）指有组织的排放口，不含无组织排放。排放同类污染物、执行相同排放标准的排放口可合并填报，否则应分开填报。

（18）指主要污水处理设施名称，如"综合污水处理站""生活污水处理系统"等。

（19）指废水出厂界后的排放去向，不外排包括全部在工序内部循环使用、全厂废水经处理后全部回用不向外环境排放（畜禽养殖行业废水用于农田灌溉也属于不外排）；间接排放去向包括去工业园区集中污水处理厂、市政污水处理厂、其他企业污水处理厂等；直接排放包括进入海域、江河、湖、库等水环境。

（20）根据《危险废物鉴别标准》判定是否属于危险废物。

附件 2

固定污染源排污登记回执（样本）

登记编号：90128593****475475001X

排污单位名称：XXXXXXXX 公司

生产经营场所地址：XX 省 XX 市 XX 县 XX 路 XX 号

统一社会信用代码：90128593****475475

登记类型：□首次 □延续 □变更

登记日期： 2019 年 12 月 10 日

有 效 期： 2019 年 12 月 10 日至 2024 年 12 月 09 日

注意事项：

1. 你单位应当遵守生态环境保护法律法规、政策、标准等，依法履行生态环境保护责任和义务，采取措施防治环境污染，做到污染物稳定达标排放。

2. 你单位对排污登记信息的真实性、准确性和完整性负责，依法接受生态环境保护检查和社会公众监督。

3. 排污登记表有效期内，你单位基本情况、污染物排放去向、污染物排放执行标准以及采取的污染防治措施等信息发生变动的，应当自变动之日起 20 日内进行变更登记。

4. 你单位若因关闭等原因不再排污，应及时注销排污登记表。

5. 你单位因生产规模扩大、污染物排放量增加等情况依法需要申领排污许可证的，应按规定及时提交排污许可证申请表，并同时注销排污登记表。

6. 若你单位在有效期满后继续生产运营，应于有效期满前 20 日内进行延续登记。

关于印发《关于加强排污许可执法监管的指导意见》的通知

（环执法〔2022〕23 号）

各省、自治区、直辖市人民政府，中央和国家机关有关部门和单位：

　　《关于加强排污许可执法监管的指导意见》已经中央全面深化改革委员会审议通过。现印发给你们，请结合实际认真贯彻落实。

生态环境部

2022 年 3 月 28 日

关于加强排污许可执法监管的指导意见

　　为贯彻落实党中央、国务院关于深入打好污染防治攻坚战有关决策部署，全面推进排污许可制度改革，加快构建以排污许可制为核心的固定污染源执法监管体系，持续改善生态环境质量，提出以下意见。

一、总体要求

　　以习近平新时代中国特色社会主义思想为指导，全面贯彻党的十九大和十九届历次全会精神，深入贯彻习近平生态文明思想，按照党中央、国务院决策部署，坚持精准治污、科学治污、依法治污，以固定污染源排污许可制为核心，创新执法理念，加大执法力度，优化执法方式，提高执法效能，构建企业持证排污、政府依法监管、社会共同监督的生态环境执法监管新格局，为深入打好污染防治攻坚战提供坚强保障。

到 2023 年年底，重点行业实施排污许可清单式执法检查，排污许可日常管理、环境监测、执法监管有效联动，以排污许可制为核心的固定污染源执法监管体系基本形成。到 2025 年年底，排污许可清单式执法检查全覆盖，排污许可执法监管系统化、科学化、法治化、精细化、信息化水平显著提升，以排污许可制为核心的固定污染源执法监管体系全面建立。

二、全面落实责任

（一）压实地方政府属地责任。设区的市级以上地方人民政府全面负责本行政区域排污许可制度组织实施工作，强化统筹协调，明确部门职责，加强督查督办。将排污许可制度执行情况纳入污染防治攻坚战成效考核，对排污许可监管工作中的失职渎职行为依法依规追究责任。建立综合监管协调机制，统筹解决无法取得环评批复、影响排污许可证核发的历史遗留问题，2023 年年底前，原则上固定污染源全部持证排污。（地方人民政府负责落实）

（二）强化生态环境部门监管责任。设区的市级以上地方生态环境部门要严格落实《排污许可管理条例》，依法履行排污许可监督管理职责，谁核发、谁监管、谁负责。进一步增强排污许可证核发的科学性、规范性和可操作性，不断提高核发质量。加强事中事后监管，强化排污许可证后管理，督促排污单位落实相关制度。（生态环境部负责）

（三）夯实排污单位主体责任。排污单位必须依法持证排污、按证排污，建立排污许可责任制，明确责任人和责任事项，确保事有人管、责有人负。健全企业环境管理制度，及时申请取得、延续和变更排污许可证，完善污染防治措施，正常运行自动监测设施，提高自行监测质量。确保申报材料、环境管理台账记录、排污许可证执行报告、自行监测数据的真实、准确和完整，

依法如实在全国排污许可证管理信息平台上公开信息，不得弄虚作假，自觉接受监督。（生态环境部负责指导）

三、严格执法监管

（四）依法核发排污许可证。规范排污许可证申请与核发流程，加强排污许可证延续、变更、注销、撤销等环节管理。修订《排污许可管理办法（试行）》，发布新版排污许可证（副本），强化污染物排放直接相关的生产设施、污染防治设施管控。建立排污许可证核发包保工作机制，强化对地方发证工作的技术支持和帮扶指导。（生态环境部负责）

（五）加强跟踪监管。加强排污许可证动态跟踪监管，加大抽查指导力度。2023 年年底前，生态环境部门要对现有排污许可证核发质量开展检查，依托全国排污许可证管理信息平台，采取随机抽取和靶向核查相结合、非现场和现场核查相结合的方式，重点检查是否应发尽发、应登尽登，是否违规降低管理级别，实际排污状况与排污许可证载明事项是否一致。对发现的问题，要分级分类处置，依法依规变更，动态跟踪管理。（生态环境部负责指导）

（六）开展清单式执法检查。推行以排污许可证载明事项为重点的清单式执法检查，重点检查排放口规范化建设、污染物排放浓度和排放量、污染防治设施运行和维护、无组织排放控制等要求的落实情况，抽查核实环境管理台账记录、排污许可证执行报告、自行监测数据、信息公开内容的真实性。生态环境部组织开展排污许可清单式执法检查试点，省级生态环境部门制定排污许可清单式执法检查实施方案，设区的市级生态环境部门逐步推进清单式执法检查。（生态环境部负责）

（七）强化执法监测。健全执法和监测机构协同联动快速响应的工作机制，按照排污许可执法监管需求开展执法监测，确保执法取证及时到位、数据准确、报告合法。加大排污单位污染物排放浓度、排放量以及停限产等特殊时段排放情况的抽测力度。开展排污单位自行监测方案、自行监测数据、

自行监测信息公开的监督检查。鼓励有资质、能力强、信用好的社会环境监测机构参与执法监测工作。（生态环境部负责）

（八）健全执法监管联动机制。强化排污许可日常管理、环境监测、执法监管联动，加强信息共享、线索移交和通报反馈，构建发现问题、督促整改、问题销号的排污许可执法监管联动机制。加强与环境影响评价工作衔接，将环境影响评价文件及批复中关于污染物排放种类、浓度、数量、方式及特殊监管要求纳入排污许可证，严格按证执法监管。做好与生态环境损害赔偿工作衔接，明确赔偿启动的标准、条件和部门职责，推进信息共享和结果双向应用。（生态环境部负责）

（九）严惩违法行为。将排污许可证作为生态环境执法监管的主要依据，加大对无证排污、未按证排污等违法违规行为的查处力度。对偷排偷放、自行监测数据弄虚作假和故意不正常运行污染防治设施等恶意违法行为，综合运用停产整治、按日连续处罚、吊销排污许可证等手段依法严惩重罚。情节严重的，报经有批准权的人民政府批准，责令停业、关闭。构成犯罪的，依法追究刑事责任。加大典型违法案件公开曝光力度，形成强大震慑。（生态环境部、公安部，地方有关人民政府按职责分工负责）

（十）加强行政执法与刑事司法衔接。建立生态环境部门、公安机关、检察机关联席会议制度，完善排污许可执法监管信息共享、案情通报、证据衔接、案件移送等生态环境行政执法与刑事司法衔接机制，规范线索通报、涉案物品保管和委托鉴定等工作程序。鼓励生态环境部门和公安机关、检察机关优势互补，提升环境污染物证鉴定与评估能力。（生态环境部、公安部、最高人民检察院、最高人民法院按职责分工负责）

四、优化执法方式

（十一）完善"双随机、一公开"监管。深化"放管服"改革，按照"双随机、一公开"监管工作要求，将排污许可发证登记信息纳入执法监管数据库，采取现场检查和远程核查相结合的方式，对排污许可证及证后执行情况进行随机抽查。设区的市级生态环境部门要按照排污许可履职要求，根据执法监管力量、技术装备和经费保障等情况统筹制定年度现场检查计划并按月细化落实。对存在生态环境违法问题、群众反映强烈、环境风险高的排污单位，增加抽查频次和执法监管力度。检查计划、检查结果要及时、准确向社会公开。（生态环境部负责）

（十二）实施执法正面清单。进一步加强生态环境执法正面清单管理，综合考虑排污单位环境管理水平、污染防治设施运行和维护情况、守法状况等因素设定清单准入条件，优先将治污水平高、环境管理规范的排污单位纳入清单。推动排污许可差异化执法监管，对守法排污单位减少现场检查次数。将存在恶意偷排、篡改台账记录、逃避监管等行为的排污单位及时移出清单。（生态环境部负责）

（十三）推行非现场监管。将非现场监管作为排污许可执法监管的重要方式，完善监管程序，规范工作流程，落实责任要求。建立健全数据采集、分析、预警、督办、违法查处、问题整改等排污许可非现场执法监管机制。依托全国排污许可证管理信息平台开展远程核查。加强污染源自动监控管理，推行视频监控、污染防治设施用水（电）监控，开展污染物异常排放远程识别、预警和督办。（生态环境部负责）

（十四）规范行使行政裁量权。2022 年 6 月底前，省级生态环境部门因地制宜补充细化排污许可处罚幅度相关规定。对初次实施未依法填报排污许可登记表、环境管理台账记录数据不全、未按规定提交排污许可证执行报告或未按规定公开信息等违法行为且危害后果轻微并及时改正的，依法可以不予行政处罚。鼓励有条件的设区的市级生态环境部门对排污许可行政处罚裁量规则和基准进行细化量化，进一步规范行使自由裁量权。（生态环境部负责）

（十五）实施举报奖励。将举报排污许可违法行为纳入生态环境违法行为举报奖励范围，优化奖励发放方式、简化发放流程，对举报人信息严格保密。

对举报重大生态环境违法行为、安全隐患和协助查处重大案件的，实施重奖。开展通俗易懂、覆盖面广、针对性强的举报奖励宣传。2022年6月底前，设区的市级以上地方生态环境部门建立实施举报奖励制度。（生态环境部负责）

（十六）加强典型案例指导。生态环境部建立排污许可典型案例收集、解析和发布机制，完善典型案例发布的业务审核、法律审核和集体审议决定制度。设区的市级以上地方生态环境部门要积极开展案件总结、分析和报送工作，加强典型案例发布宣传，扩展典型案例应用，发挥警示教育作用。（生态环境部负责）

五、强化支撑保障

（十七）完善标准和技术规范。加快制定修订重点行业排污许可证申请与核发技术规范、自行监测技术指南。完善排污单位自主标记数据有效性判定规则，强化自动监测设备的计量管理。出台污染物排放量核算技术方法和污染物排放超标判定规则。（生态环境部、市场监管总局按职责分工负责）

（十八）加强技术和平台支撑。强化排污许可执法监管信息化建设，推进全员、全业务、全流程使用生态环境移动执法系统查办案件。加强固定污染源管理与监控能力建设，加快全国排污许可证管理信息平台与移动执法系统互联互通，强化排污许可执法监管有效信息技术支撑。（生态环境部、财政部按职责分工负责）

（十九）加快队伍和装备建设。按照机构规范化、装备现代化、队伍专业化、管理制度化的要求开展执法机构标准化建设。鼓励各地按有关规定建立办案立功受奖激励机制。将排污许可执法监管经费列入本级预算，将生态环境执法用车纳入执法执勤车辆序列，配齐配全执法调查取证设备，有条件的地区加快配备无人机（船）等高科技执法装备。全面落实执法责任制，规范排污许可执法程序，健全内约束和外部监督机制，建立插手干预监督执法记录制度，明确并严格执行执法人员行为规范和纪律要求，对失职渎职、

以权谋私、包庇纵容等违法违规行为严肃查处。（生态环境部、人力资源社会保障部、财政部按职责分工负责）

（二十）强化环保信用监管。建立排污许可守法和诚信信息共享机制，强化排污许可证的信用约束。将申领排污许可证的排污单位纳入环保信用评价制度，加强环保信用信息归集共享，强化评价结果应用，实施分级分类监管，做好与生态环境执法正面清单衔接。（生态环境部、国家发展改革委按职责分工负责）

（二十一）鼓励公众参与。生态环境部门要依法主动公开排污许可核发和执法监管信息，接受社会监督，积极听取有关方面意见建议。搭建公众参与和沟通平台，完善政府、企业、公众三方对话机制，开辟有效的意见交流和投诉渠道。对公众反映的排污许可等生态环境问题，积极调查处理并反馈信息。充分发挥新媒体作用，及时解读相关政策，为公众解疑释惑，支持新闻媒体进行舆论监督。（生态环境部负责）

（二十二）加强普法宣传。按照"谁执法、谁普法"原则，建立排污许可普法长效机制。突出现场检查的普法宣传，推行全程说理式执法，推广说理式执法文书。组织"送法入企"活动，举办普法培训，开展执法帮扶，营造良好的排污许可守法环境。（生态环境部负责）

关于印发《"十四五"环境影响评价与排污许可工作实施方案》的通知

（环环评〔2022〕26号）

各省、自治区、直辖市生态环境厅（局），新疆生产建设兵团生态环境局，各派出机构、直属单位：

为贯彻落实"十四五"生态环境保护目标、任务，健全以环境影响评价制度为主体的源头预防体系，构建以排污许可制为核心的固定污染源监管制度体系，协同推进经济高质量发展和生态环境高水平保护，我部研究制定了《"十四五"环境影响评价与排污许可工作实施方案》，现印发给你们，请认真贯彻实施。

生态环境部

2022年4月1日

"十四五"环境影响评价与排污许可工作实施方案

为贯彻落实"十四五"生态环境保护目标、任务，深入打好污染防治攻坚战，健全以环境影响评价（以下简称环评）制度为主体的源头预防体系，构建以排污许可制为核心的固定污染源监管制度体系，推动生态环境质量持续改善和经济高质量发展，制定本方案。

一、形势与挑战

回顾"十三五"，环评与排污许可全面深化改革创新，不断提升源头预防和过程监管效能，取得积极进展。展望"十四五"，面对推动减污降碳协同增效、促进经济社会发展全面绿色转型、实现生态环境质量改善由量变到质变的艰巨任务，环评与排污许可工作仍任重道远。

（一）"十三五"环评与排污许可改革取得新进展

制度改革创新蹄疾步稳。"三线一单"生态环境分区管控从试点推进到全面铺开，完成了所有省级成果发布。排污许可确立核心制度地位，出台了《排污许可管理条例》，发证登记覆盖所有固定污染源。环评"放管服"改革持续深化，取消了竣工环保验收和环评机构资质审批等多项行政许可，登记表由审批改为在线备案，审批和监管向基层下沉。规划环评、项目环评与排污许可进一步聚焦重点、优化流程、提高效能，法治化、规范化、信息化水平进一步提高。

助力区域行业绿色发展作用显现。"三大地区"（京津冀、长三角和珠三角）、长江经济带等区域发展战略环评全面完成，生态环境分区管控逐步落地，基础性和引导性作用逐步显现。流域、省级矿产资源规划环评取得新突破，产业园区、煤炭矿区、港口、能源化工基地规划环评全面推进，在优布局、调结构、控规模、促转型等方面发挥了积极作用。

推动污染物减排成效显著。通过项目环评推动减少化学需氧量、氨氮、二氧化硫、氮氧化物、烟尘排放量分别约 46.8 万吨、3.7 万吨、19.0 万吨、27.4 万吨、42.5 万吨。将 273.44 万家排污单位纳入排污许可管理，涉及年许可排放化学需氧量约 470.80 万吨、氨氮 49.67 万吨、二氧化硫 560.65 万吨、氮氧化物 790.04 万吨。

加强生态保护措施有力。通过 30 余个流域综合规划环评，对近 200 个不符合生态保护要求的水利水电工程提出取消建设的优化建议，将多段干、支流纳入栖息地整体性保护。重大工程建设的生态保护和修复措施进一步强化，野生动物通道、过鱼设施、替代生境建设等逐步成为水利水电和线性工程标配，全封闭声屏障等环保创新措施开始落地实施。

服务"六稳""六保"多措并举。对新冠疫情防控急需的建设项目实施环评应急保障。制定实施环评审批正面清单，修订建设项目环评分类管理名录和环境影响报告表格式，建成全国环评技术评估服务咨询平台。大幅提升环评审批效率，全国平均审批时间已经压缩到法定时限的一半。

（二）"十四五"环评与排污许可工作面临新挑战

制度体系有待健全。生态环境分区管控落地应用尚不到位，各方责任有待明晰，支撑保障亟需加强。排污许可制的核心制度建设尚不健全，与环评、总量、统计、监测、执法等相关制度亟待深化衔接。规划环评和项目环评制度历经多年发展，既存在叠床架屋也存在短板不足，管理和技术体系仍需统筹优化。

预防效能仍待提升。主要污染物排放总量仍居高位，特征污染物和新污染物影响不容忽视。一些地区上马高耗能高排放（以下简称"两高"）项目冲动仍较强烈，新建项目呈现向中西部欠发达地区、流域上游和生态敏感区布局建设的态势，给生态环境准入把关带来新的压力，优化规划决策、严格环境准入的刚性约束仍待增强。

责任落实尚待加强。主体责任落实不够到位，过程监管相对薄弱，在一些领域和行业仍较为突出。有的地方和建设单位将依法环评视为额外负担，规划"未评先批"和项目"未批先建"、擅自变更、生态环保设施措施不落实等问题仍然存在。排污许可发证质量不高，证后监管机制有待完善，持证排污、依证排污尚未成为企业自觉，违法排污、限期整改要求不落实等问题仍有发生。

二、总体思路

（三）指导思想

深入贯彻习近平生态文明思想，立足新发展阶段，完整、准确、全面贯彻新发展理念，构建新发展格局，以持续改善生态环境质量为核心，坚持精准治污、科学治污、依法治污，坚持综合治理、系统治理、源头治理，坚持推进减污降碳协同增效，确立并实施生态环境分区管控制度，持续提升重点领域重点行业环评管理效能，全面实行排污许可制，协同推进"放管服"改革，充分发挥环评与排污许可在源头预防和过程监管中的效力，守住底线把好关，为深入打好污染防治攻坚战、推进高质量发展提供有力支撑。

（四）基本原则

坚持问题导向、改革创新，聚焦环评效力不高、固定污染源管理不够系统精细、事中事后监管相对薄弱等短板，用改革的办法解决问题，增强制度操作性和有效性。

坚持制度衔接、形成合力，构建生态环境分区管控、规划环评、项目环评、排污许可有效联动体系，强化与执法、督察等制度的相互支撑。

坚持试点先行、稳中求进，依法依规推进改革，保持制度体系和管理要求基本统一，支持具备条件的地区和领域纳入改革试点，并逐步规范化、制度化。

坚持提升能力、强化支撑，统筹推进法规、技术和信息化体系建设，提升管理和技术队伍依法履职的能力水平。

（五）主要目标

源头预防作用进一步提升。全国生态环境分区管控体系基本形成，管理机制、技术体系和数据共享系统基本完善。政策环评稳步推进，规划环评体系更加健全，重点领域、重点行业环评管理效能持续提升。

排污许可核心制度进一步稳固。固定污染源排污许可全要素、全周期管理基本实现，固定污染源排污许可执法监管体系和自行监测监管机制全面建立，排污许可"一证式"管理全面落实，以排污许可制为核心的固定污染源监管制度体系基本形成。

制度创新体系进一步丰富。生态环境分区管控、规划环评、项目环评、排污许可及执法、督察等相关制度的闭环管理体系初步建立。探索温室气体排放环境影响评价。环评与排污许可信用管理制度更加完善，第三方服务市场全面规范。

基础保障进一步加强。一批新领域、新行业管理政策、技术方法出台实施。环评与排污许可信息衔接、业务协同有效推进，排污许可信息系统功能持续拓展，智能查重覆盖所有环评文件，信息化建设和应用水平持续提升。

三、深化体制机制改革，推进完善闭环管理体系

（六）全链条优化管理

健全环评和排污许可管理链条。完善涵盖生态环境分区管控、规划环评、项目环评、排污许可的管理制度体系，明确功能定位、责任边界和衔接关系，避免重复评价。以产业园区、石化基地、能源基地等领域规划环评为重点，强化规划环评与生态环境分区管控联动，推动生态环境分区管控成果落地。深化产业园区、自由贸易试验区规划环评与项目环评联动改革试点，探索简化相关项目环评管理。探索建立污染影响类和生态影响类建设项目差异化全过程监管体系。选取具备条件的地方，开展污染影响类项目环评与排污许可深度衔接改革试点；对符合规划环评要求，且排污许可证能够有效承接的部分建设项目环境影响报告表，推进依法将审批制调整为备案制；对纳入排污许可管理的污染影响类项目，深化自主验收和后评价管理改革。对成熟的改革试点经验，推动通过立法等形式予以制度化。

统一建设项目环评管理机制。推进形成环评统一管理格局，理顺机制、规范流程、打通平台、共享数据。推进省级以下环评审批权限评估调整，县级分局原则上只受权负责环境影响较小的部分报告表审批具体工作。实施集

中行政审批改革的地方生态环境部门，应当强化统一环评管理，将承担环评审批的相关部门纳入政策指导、业务培训、环评文件复核、信息化监管等工作体系，做到统一尺度、规范把关。

（七）全过程公正监管

加强日常业务监管。落实环评与排污许可监管行动计划，重点对产业园区、流域、港口、煤炭矿区、城市轨道交通等领域规划环评开展和落实情况进行抽查，对实施中产生重大不良环境影响的规划依法开展核查。重点对石化、煤化工、水利、水电、煤炭等行业建设项目环评开展情况、污染物区域削减替代、生态环境保护设施和措施等环评文件及批复要求落实情况进行抽查。针对建设单位尤其是小微企业在落实中存在的问题，强化指导帮扶，做到寓管于服。按季度开展环评文件复核抽查，加强环评单位和环评工程师等从业人员动态监管，对违法违规环评单位和人员开展清理整顿，强化典型案例曝光和正面宣传引导，鼓励加强行业自律和能力建设。建立健全排污许可信用管理体系，全面实施"一处失信、全国受限"的跨地区环评失信联动监管机制，将环评与排污许可违法等信息纳入国家有关信用信息系统，并及时依法公开。强化行政处罚与刑事司法衔接，严惩弄虚作假，坚决整治环评技术服务市场乱象。

健全长效监管机制。落实建设项目环评属地监管，深化地市级生态环境部门参与国家级、省级环评审批机制，健全市级监管、省级抽查、部级指导的属地环评监管责任体系。发挥流域海域生态环境监督管理机构优势，强化环评会商和事中事后监管。健全信息共享和问题线索移交工作机制，发现的违法违规线索及时移交执法部门，区域性、行业性等问题突出的，按有关要求纳入生态环境保护督察。

（八）全方位提升服务

创新推进优化营商环境。指导、推动北京、上海、重庆、杭州、广州、深圳等试点城市深化环评与排污许可改革，落实国务院改革部署，在推进产业园区规划环评与项目环评联动及优化环评分类管理等方面先行先试，同步加强和创新监管。全面推进环评与排污许可政务服务标准化，持续深化"证照分离"改革，加快实施排污许可事项"跨省通办""全程网办"，实现排污许可事项在不同地域无差别受理、同标准办理，加快推进电子证照应用。

不断提升审批服务水平。持续完善国家、地方、重大外资项目"三本台账"环评审批服务体系，定期更新台账，组织提前介入指导，对符合生态环保要求的开辟绿色通道，提高审批效率，推动重大项目科学落地。会同发展改革、能源等主管部门，妥善处置煤炭行业历史遗留环评问题，严把生态环境准入关，协同保障国家能源安全和生态安全。推进国家重大水利工程环评工作，配合做好南水北调后续工程重大问题研究、总体规划评估优化完善、西线工程论证等，推进中线引江补汉项目环评。坚持"生态优先、统筹考虑、适度开发、确保底线"的原则，做好水电开发规划和项目环评。推进大型清洁能源基地、电力外送通道等重大项目环评工作。积极服务重大储备储运基地、沿江高铁、沿边公路等基础设施工程及民生工程项目环评。深化远程技术评估服务，推动解决小微企业和基层审批部门实际困难。

四、加强生态环境分区管控，守好高质量发展生态环境底线

（九）推进协同管控

探索建立跨区域、跨流域协同管控机制，统筹上下游、左右岸的保护对象与目标、空间单元与分区、准入尺度与要求等。落实长江保护法，推动长江全流域按单元精细化分区管控；加强黄河流域、赤水河流域、京津冀、长三角、粤港澳大湾区、成渝双城经济区、呼包鄂榆地区等重点区域流域海域生态环境协同管控。组织开展减污降碳协同管控试点。

（十）强化实施应用

推动完善政府为主体、部门深度参与的落地实施机制。向社会主动公开成果文件，加强生态环境分区管控成果在政策制定、环境准入、园区管理、执法监管等方面的应用。推动做好生态环境分区管控与主体功能区战略、国

土空间规划分区和用途管制要求、碳达峰碳中和目标任务、能源资源管理等工作的衔接。加强生态环境分区管控成果对生态、水、海洋、大气、土壤、固体废物等环境管理的支撑。

（十一）做好评估考核

建立国家对省、省对地市年度跟踪与五年评估相结合的实施应用跟踪评估机制，完善指标体系。推动建立以省级统筹为主，动态更新与定期调整相结合的成果更新调整机制。加强生态环境分区管控实施监管，将工作中存在的突出问题线索按规定纳入生态环境保护督察。推动将生态环境分区管控纳入深入打好污染防治攻坚战目标责任考核，鼓励地方将生态环境分区管控纳入绿色低碳发展、高质量发展等考核。

（十二）推进政策生态环境影响分析试点

对国家、省、市涉及区域和行业发展、资源开发利用、产业结构调整和生产力布局，以及可能对生产和消费行为产生重大影响的经济、技术政策，组织开展生态环境影响分析试点，探索构建以绿色低碳为导向的指标体系和技术方法，形成一批可复制、可推广的案例，推动建立健全适用的生态环境影响分析工作机制，适时组织开展成效评估。

五、提升重点领域环评管理效能，筑牢绿水青山第一道防线

（十三）助力打造绿色发展高地

加强国家重大战略指向区域的生态环境源头防控，鼓励有关地方因地制宜制定更具针对性的环境准入要求。支持京津冀地区在联防联治基础上，根据区域功能定位、生态环境质量改善要求，推进实施更加精准、科学的差别化环境准入。严格长江干支流有关产业园区规划环评审查和项目环评准入，落实化工园区和化工项目禁建、限建要求，严防重污染项目向长江中上游转移。推进沿黄重点地区工业项目入园发展，严格高污染、高耗水、高耗能项目环境准入，推动黄河流域产业布局优化和产业结构调整。

（十四）促进重点行业绿色转型发展

推动重点工业行业绿色转型升级。制定完善石化、化工、煤化工、农药、染料中间体等行业环评管理政策，研究规范新能源、新材料等新兴行业环评管理，落实蓝天、碧水、净土保卫战有关管控要求。新改扩建钢铁、煤电项目应达到超低排放要求，推进建材、焦化、有色金属冶炼等行业污染深度治理改造，强化对燃煤电厂掺烧废弃物项目的环境管理。推动有色、化工、建材、铸造、机械加工制造、制革、印染、电镀、农副食品加工、家具等产业集群提升改造；在重点区域钢铁、焦化、水泥熟料、平板玻璃、电解铝、电解锰、氧化铝、煤化工、炼油、炼化等行业项目环评审批中，严格落实产能替代、压减等措施；严控建材、铸造、冶炼等行业无组织排放，推进石化、化工、涂装、医药、包装印刷、油品储运销等行业项目挥发性有机物（VOCs）防治。严格有色金属冶炼、石油加工、化工、焦化等行业项目的土壤、地下水污染防治措施要求。支持有关"绿岛"项目建设，做好相关环保公共基础设施或集中工艺设施环评服务。

加强"两高"行业生态环境源头防控。建立"两高"项目环评管理台账，严格执行环评审批原则和准入条件，按照国家关于做好碳达峰碳中和工作的政策要求，推动相关产业布局优化和结构调整，落实主要污染物区域削减、产能置换、煤炭消费减量替代等措施。推动各地理顺"两高"项目环评审批权限，不得以改革名义降低准入要求或随意下放环评审批权限，对审批能力不适应的依法调整上收。

提升基础设施建设行业环评管理水平。将相关重大项目纳入"三本台账"环评审批服务体系，推动铁水、公铁、公水、空陆等联运发展以及多式联运型、干支衔接型货运枢纽建设。支持长江干线航道整治工程环评，推动长江黄金水道建设。推动重点区域港口、机场落实岸电设施、强化污染物收集处理等要求，出台相关文件推进"绿色机场"建设。强化陆海统筹，严格控制入海污染物排放，强化船舶溢油等环境风险评价，推动加强应急能力建设。

（十五）强化生态系统保护

推进重点领域规划环评宏观管控。出台"十四五"省级矿产资源规划环评指导意见等政策文件。推进国土空间规划环评，优化开发格局、调控开发强度。推进省级矿产资源、大型煤炭矿区、流域综合规划及水利、水电规划环评，落实生态保护红线和一般生态空间管控要求，强化长期性、累积性、整体性生态影响的预测、评价，提出有针对性的规划优化调整建议，对生态敏感区落实避让、减缓、修复和补偿等保护措施。

严格重大生态影响类建设项目环评管理。推动做好生态现状调查和生物多样性等影响评价，加强珍稀濒危野生动植物、极小种群物种保护。统筹强化有关行业环境准入、施工期环境监理、生态环保措施专项设计、生态环境跟踪监测、环境影响后评价等环境管理。建立完善水利、水电建设项目全过程环境管理体系，强化栖息地保护、过鱼设施建设、增殖放流、低温水减缓、生态流量泄放和生态调度等措施要求。研究制定风电、光伏等行业环评管理政策，避免在鸟类等野生动物重要生境和迁徙通道布局，防范在其他环境敏感区过度集中布局，推进环境影响跟踪监测评估。开展地热等可再生能源项目环评研究，推动有关行业绿色发展。强化资源开发项目生态保护和修复。做好雅鲁藏布江下游水电开发、川藏铁路等国家重大战略工程环境准入管理，推进有关工程适应气候变化研究，加强事中事后监管，推进绿色施工，建设绿色工程。严格落实围填海管控要求。

（十六）探索温室气体排放环境影响评价

积极开展产业园区减污降碳协同管控，强化产业园区管理机构开展和组织落实规划环评的主体责任，高质量开展规划环评工作，推动园区绿色低碳发展。实施《规划环境影响评价技术导则产业园区》，在产业园区层面推进温室气体排放环境影响评价试点。加强"两高"行业减污降碳源头防控，在煤炭开采等项目环评中，探索加强对瓦斯等温室气体排放的控制。支持各地深入开展重点行业建设项目温室气体排放环境影响评价试点，推进近零碳排放示范工程建设。

（十七）做好新建项目环境社会风险防范化解

对存在较大环境风险和"邻避"问题的重大项目，强化选址选线、风险防范等要求，严格环境准入把关。加强对垃圾焚烧发电、对二甲苯（PX）等社会关注度高的新建项目有关舆情及突发性事件的调度和分析研判，指导做好分类分级处置。推进各地建立实施环境社会风险防范化解工作机制。完善全国高风险类建设项目数据库。开展"一带一路"重点行业环境管理研究，加强对境外项目环境风险和环评管理工作指导服务。

六、全面实行排污许可制，构建固定污染源监管核心制度体系

（十八）巩固固定污染源排污许可全覆盖

制定实施工业固体废物纳入排污许可管理文件，对已取得排污许可证的有关排污单位，在依法申请延续或重新申请、变更时，应按照有关技术规范在排污许可证中增加工业固体废物环境管理要求。依法将涉及工业噪声排污单位、涉海工程排污单位等纳入排污许可管理。压实属地责任，推动统筹解决影响排污许可证核发的历史遗留问题。按照"生产设施—治理设施—排放口"管理思路，优化排污许可证内容。指导做好排污许可证延续和新增固定污染源发证登记，实现固定污染源排污许可管理动态更新，做到固定污染源全部持证排污。

（十九）推动生态环境管理制度全联动

研究建立与排污许可核心制度相适应的污染影响类项目环评管理体系，推动环评与排污许可在管理对象、管理内容和管理机制等方面的衔接。全面落实企事业单位污染物排放法定义务，将达标区域和非达标区域污染物排放量削减要求纳入排污许可证。选择长江经济带部分地方开展基于水生态环境质量的许可排放量核定试点研究。开展火电、造纸、污水处理等重点行业生

态环境统计与排污许可管理衔接试点，有序推动将排污许可证执行报告中报告的污染物排放量作为年度生态环境统计的依据。深化温室气体环境管理与排污许可制度信息共享，升级全国排污许可证管理信息平台，推进温室气体与污染物排放相关数据统一采集、相互补充、交叉核验。

（二十）加强排污许可执法监管

构建以排污许可制为核心的固定污染源执法监管体系。推动出台关于加强排污许可执法监管的指导意见。推动将排污许可制度执行情况纳入深入打好污染防治攻坚战目标责任考核。将排污许可证后管理作为监督帮扶内容，突出问题线索按规定纳入生态环境保护督察。将排污许可证作为生态环境日常执法监管的主要依据，强化排污许可日常管理、环境监测、执法监管联动，构建发现问题、督促整改、问题销号的排污许可执法监管机制。加强行政执法与刑事司法衔接，严惩排污许可违法犯罪。试点推进排污许可证清单式执法检查。出台重点行业排污许可证执法手册或要点，明确重点行业依证监管的日常执法监督程序、流程，规范固定污染源执法监管方式、内容等。做好排污许可监管执法处罚信息公开。

强化排污许可证后监管。组织开展排污许可证后管理专项检查，加强对排放污染物种类、许可排放浓度、主要污染物年许可排放量、自行监测、执行报告和台账记录等方面的监督管理，督促排污单位依证履行主体责任。制修订排污许可证质量、台账记录、执行报告监管等技术性文件，印发实施排污许可提质增效行动计划，组织开展排污许可证质量核查，加强执行报告和台账记录检查。落实生态环境损害赔偿制度，对违反排污许可管理要求造成生态环境损害的依法索赔。

七、夯实基础支撑保障，提升环评与排污许可治理能力

（二十一）加强法规体系建设

贯彻预防为主原则，推进环境影响评价法及相关法律法规制修订，推动

将生态环境分区管控纳入黄河保护法、海洋环境保护法制修订。推动排污许可制纳入海洋环境保护法等法律法规制修订。适时修订《建设项目环境影响报告书（表）编制监督管理办法》《专项规划环境影响报告书审查办法》《建设项目环境影响评价分类管理名录》《固定污染源排污许可分类管理名录》《建设项目环境影响后评价管理办法（试行）》等规章。

（二十二）加强技术体系建设

健全技术规范体系。完善生态环境分区管控技术规范。推进流域、矿产资源等规划环评导则制修订。优化项目环评技术导则体系，加强与排污许可技术规范的衔接，推进评价模型标准化、法规化建设。推进水利、水电等行业后评价技术导则制修订。出台生态影响类建设项目竣工环境保护验收技术规范。优化排污许可技术体系，开展排污许可证申请与核发技术规范制修订，推进重点行业自行监测和污染防治可行技术指南制修订。

加大基础研究力度。开展减污降碳协同增效等关键技术研究，研究"污染源排放—环境质量目标—污染物允许排放量"的系统响应关系，深化多要素多尺度分区管控研究。持续开展典型行业二氧化碳、甲烷等温室气体排放管控、环境影响人群健康风险分析、累积性环境影响评价、中长期生态风险评价等基础性研究。加快推进国际先进技术方法本地化应用研究。

推进信息化建设。加强"互联网＋政务服务"，持续推进全国建设项目环评管理信息平台、全国排污许可证管理信息平台建设，做好与全国一体化政务服务平台对接。加强"互联网＋监管"，完善环评文件智能复核系统功能，推进固定污染源"一企一档"建设。推进全国生态环境分区管控数据共享系统、各省份数据应用系统建设，提升服务功能和效能。推动数据标准化，逐步实现生态环境分区管控、规划环评、项目环评、排污许可、监测、执法等系统数据联通，加强国家级平台与地方平台数据共享共用。鼓励与国土空间基础信息、地方智慧管理等系统联通，实现跨层级、跨部门数据共享共用。

（二十三）加强队伍能力建设

提升队伍能力。加强对基层管理、技术队伍的指导培训，加大对各地行政审批部门及西部地区的培训力度。对重点工作表现突出的集体和个人予以表扬。支持高校、科研院所等机构加强环评与排污许可研究，推进领军人才培养。加强技术评估专家队伍建设，推动全国评估专家信息共享共用。拓展第三方服务，推动将技术评估相关事项纳入政府购买服务。推动企业配备环保专业人员，提高环评与排污许可管理水平。

强化宣传引导。主动发声做好环评与排污许可领域政策解读，组织面向企业、公众的宣传培训，加强信息公开，不断强化建设单位、排污企业自主守法意识，发挥社会监督作用。强化正反两方面宣传，宣传工作进展和积极成效，加大违法违规行为曝光力度，常态化公布典型案件，加强警示震慑。提升舆情应对能力，通过例行新闻发布会、专题报道等形式，主动回应群众关切，营造良好社会氛围。

关于做好环境影响评价制度与
排污许可制衔接相关工作的通知

（环办环评〔2017〕84 号）

各省、自治区、直辖市环境保护厅（局），新疆生产建设兵团环境保护局：

为贯彻落实《国务院办公厅关于印发控制污染物排放许可制实施方案的通知》（国办发〔2016〕81 号）和《环境保护部关于印发〈"十三五"环境影响评价改革实施方案〉的通知》（环环评〔2016〕95 号），推进环境质量改善，现就做好建设项目环境影响评价制度与排污许可制有机衔接相关工作通知如下：

一、环境影响评价制度是建设项目的环境准入门槛，是申请排污许可证的前提和重要依据。排污许可制是企事业单位生产运营期排污的法律依据，是确保环境影响评价提出的污染防治设施和措施落实落地的重要保障。各级环境保护部门要切实做好两项制度的衔接，在环境影响评价管理中，不断完善管理内容，推动环境影响评价更加科学，严格污染物排放要求；在排污许可管理中，严格按照环境影响报告书（表）以及审批文件要求核发排污许可证，维护环境影响评价的有效性。

二、做好《建设项目环境影响评价分类管理名录》和《固定污染源排污许可分类管理名录》的衔接，按照建设项目对环境的影响程度、污染物产生量和排放量，实行统一分类管理。纳入排污许可管理的建设项目，可能造成重大环境影响、应当编制环境影响报告书的，原则上实行排污许可重点管理；可能造成轻度环境影响、应当编制环境影响报告表的，原则上实行排污许可简化管理。

三、环境影响评价审批部门要做好建设项目环境影响报告书（表）的审查，结合排污许可证申请与核发技术规范，核定建设项目的产排污环节、污染物种类及污染防治设施和措施等基本信息；依据国家或地方污染物排放标准、环境质量标准和总量控制要求等管理规定，按照污染源源强核算技术指南、环境影响评价要素导则等技术文件，严格核定排放口数量、位置以及每个排放口的污染物种类、允许排放浓度和允许排放量、排放方式、排放去向、自行监测计划等与污染物排放相关的主要内容。

四、分期建设的项目，环境影响报告书（表）以及审批文件应当列明分期建设内容，明确分期实施后排放口数量、位置以及每个排放口的污染物种类、允许排放浓度和允许排放量、排放方式、排放去向、自行监测计划等与污染物排放相关的主要内容，建设单位应据此分期申请排污许可证。分期实施的允许排放量之和不得高于建设项目的总允许排放量。

五、改扩建项目的环境影响评价，应当将排污许可证执行情况作为现有工程回顾评价的主要依据。现有工程应按照相关法律、法规、规章关于排污许可实施范围和步骤的规定，按时申请并获取排污许可证，并在申请改扩建项目环境影响报告书（表）时，依法提交相关排污许可证执行报告。

六、建设项目发生实际排污行为之前，排污单位应当按照国家环境保护相关法律法规以及排污许可证申请与核发技术规范要求申请排污许可证，不得无证排污或不按证排污。环境影响报告书（表）2015 年 1 月 1 日（含）后获得批准的建设项目，其环境影响报告书（表）以及审批文件中与污染物排放相关的主要内容应当纳入排污许可证。建设项目无证排污或不按证排污的，建设单位不得出具该项目验收合格的意见，验收报告中与污染物排放相关的主要内容应当纳入该项目验收完成当年排污许可证执行年报。排污许可证执行报告、台账记录以及自行监测执行情况等应作为开展建设项目环境影响后评价的重要依据。

七、国家将分行业制定建设项目重大变动清单。建设项目的环境影响报告书（表）经批准后，建设项目的性质、规模、地点、采用的生产工艺或者防治污染、防止生态破坏的措施发生重大变动的，建设单位应当依法重新报批环境影响评价文件，并在申请排污许可时提交重新报批的环评批复（文号）。发生变动但不属于重大变动情形的建设项目，环境影响报告书（表）2015年1月1日（含）后获得批准的，排污许可证核发部门按照污染物排放标准、总量控制要求、环境影响报告书（表）以及审批文件从严核发，其他建设项目由排污许可证核发部门按照排污许可证申请与核发技术规范要求核发。

八、建设项目涉及"上大压小""区域（总量）替代"等措施的，环境影响评价审批部门应当审查总量指标来源，依法依规应当取得排污许可证的被替代或关停企业，须明确其排污许可证编码及污染物替代量。排污许可证核发部门应按照环境影响报告书（表）审批文件要求，变更或注销被替代或关停企业的排污许可证。应当取得排污许可证但未取得的企业，不予计算其污染物替代量。

九、环境保护部负责统一建设建设项目环评审批信息申报系统，并与全国排污许可证管理信息平台充分衔接。建设单位在报批建设项目环境影响报告书（表）时，应当登录建设项目环评审批信息申报系统，在线填报相关信息并对信息的真实性、准确性和完整性负责。

十、本通知自印发之日起执行。做好环境影响评价制度与排污许可制衔接是落实固定污染源类建设项目全过程管理的重要保障，各级环境保护主管部门要严格贯彻执行，切实做好相关工作。执行中遇到的困难和问题，请及时向我部反映。

环境保护部办公厅

2017 年 11 月 14 日

关于做好"三磷"建设项目环境影响评价与
排污许可管理工作的通知

（环办环评〔2019〕65 号）

各省、自治区、直辖市生态环境厅（局），新疆生产建设兵团生态环境局：

为贯彻落实国务院《"十三五"生态环境保护规划》（国发〔2016〕65 号）和《长江保护修复攻坚战行动计划》（环水体〔2018〕181 号）相关要求，充分发挥环境影响评价制度的源头预防作用，强化排污许可监管效能，切实做好磷矿、磷化工（包括磷肥、含磷农药、黄磷制造等）和磷石膏库（以下简称"三磷"）建设项目环境影响评价与排污许可管理工作，现将有关事项通知如下。

一、严格环境影响评价，源头防范环境风险

（一）优化产业规划布局，严格项目选址要求。新建、扩建磷化工项目应布设在依法合规设立的化工园区或具有化工定位的产业园区内，所在化工园区或产业园区应依法开展规划环境影响评价工作，并与所在省（区、市）生态保护红线、环境质量底线、资源利用上线和生态环境准入清单成果做好衔接，落实相应管控要求。磷化工建设项目应符合园区规划及规划环评要求。"三磷"建设项目应论证是否符合生态环境准入清单，对不符合的依法不予审批。

"三磷"建设项目选址不得位于饮用水水源保护区、自然保护区、风景名胜区以及国家法律法规明确的其他禁止建设区域。选址应避开岩溶强发育、存在较多落水洞或岩溶漏斗的区域。长江干流及主要支流岸线 1 公里范围内

禁止新建、扩建磷矿、磷化工项目，长江干流 3 公里范围内、主要支流岸线 1 公里范围内禁止新建、扩建尾矿库和磷石膏库。

（二）严格总磷排放控制，规范区域削减替代要求。地方生态环境部门应以环境质量改善为核心，严格总磷等主要污染物区域削减要求。建设项目所在水环境控制单元或断面总磷超标的，实施总磷排放量 2 倍或以上削减替代。所在水环境控制单元或断面总磷达标的，实施总磷排放量等量或以上削减替代。替代量应来源于项目同一水环境控制单元或断面上游拟实施关停、升级改造的工业企业，不得来源于农业源、城镇污水处理厂或已列入流域环境质量改善计划的工业企业。相应的减排措施应确保在项目投产前完成。

地方生态环境部门在审查项目环境影响评价文件时应核实区域削减源，并在审批文件中对出让总量控制指标的排污单位提出明确要求。在项目环评审批后，产生实际排污行为前，排污许可证核发部门应对已取得排污许可证的出让总量控制指标的排污单位依法进行变更，对尚未取得排污许可证的出让总量控制指标的排污单位按削减后要求核发其排污许可证。

（三）严格建设项目环评审批，强化环境管理要求。地方生态环境部门应按照相关环境保护法律法规、标准和技术规范等要求审批"三磷"建设项目环评文件，并在审批过程中对相应环境保护措施提出严格要求。

磷矿建设项目选矿废水、尾矿库尾水应闭路循环，磷肥建设项目废水应收集处理后全部回用，含磷农药建设项目母液应单独处理后资源化利用，黄磷建设项目废水应收集处理后全部回用，磷石膏库渗滤液及含污雨水收集处理后全部回用。重点排污单位废水排放口应安装总磷在线监测设备并与生态环境部门联网。

黄磷建设项目电炉气经净化处理后综合利用，含磷无组织废气应收集处理后达标排放。磷化工建设项目生产废气应加强含磷污染物、氟化物的排放治理。磷矿、磷化工和磷石膏库建设项目应采取有效措施控制储存、装卸、运输及工艺过程等无组织排放。

磷肥建设项目应实行"以用定产"，以磷石膏综合利用量决定湿法磷酸产量。同步落实磷石膏综合利用途径，综合利用不畅的可利用现有磷石膏库堆存，不得新建、扩建磷石膏库（暂存场除外）。磷石膏库、尾矿库、暂存场按第Ⅱ类一般工业固体废物处置要求采取防渗、地下水导排等措施，并建设地下水监测井，开展日常监控，防范地下水环境污染。磷化工建设项目应明确产生固体废物属性及危险废物类别，采取清洁生产措施，减少固体废物、危险废物的产生量和危害性。

改建、扩建项目应对现有工程（包括磷石膏库、尾矿库）进行回顾分析，全面梳理存在的环境影响问题，并提出"以新带老"或整改措施。

（四）开展环评文件批复落实情况检查。地方生态环境部门应加强对"三磷"建设项目环评文件批复落实情况的检查。已经开工在建的，重点检查各项环保要求和措施是否同步实施，是否存在重大变动未重新报批等情况；已经投入生产或者使用的，重点检查各项环保措施是否同步建成投运，区域削减措施是否落实到位，是否按要求开展自主验收等。对未落实环评批复及要求的，责令限期改正并依法依规予以处理处罚。

二、落实排污许可制度，强化事中事后监管

（五）按期完成排污许可证核发，实现排污许可全覆盖。省级生态环境部门应以第二次污染源普查、尾矿库环境基础信息排查摸底、长江"三磷"专项排查整治等成果数据为基础，组织开展"三磷"行业清单梳理，建立应核发排污许可证的企业清单。地方生态环境部门应如期完成磷肥、黄磷行业排污许可证核发，2020 年 9 月底前完成磷矿排污许可证核发；新建、改建、扩建"三磷"建设项目在实际排污之前核发（变更）排污许可证，实现"三磷"行业固定污染源排污许可全覆盖。

长江流域地方生态环境部门对长江"三磷"专项排查整治行动中要求关停取缔的"三磷"企业不予核发排污许可证，已经核发的应依法注销排污许

可证；对纳入规范整治且已核发排污许可证的企业，督促其完成整改并执行排污许可证相关要求。

（六）开展排污许可证质量和落实情况检查。各省级生态环境部门应在2020年3月底前完成含磷农药行业排污许可证质量和落实情况检查，2020年9月底前完成磷肥、黄磷和磷矿行业排污许可证质量和落实情况检查，并将检查结果上传至全国排污许可证管理信息平台。排污许可证质量重点检查排污许可管控污染物、污染物许可限值、自行监测等环境管理内容是否符合要求。落实情况重点检查排污单位是否按要求开展自行监测、台账记录是否完整、真实，定期提交执行报告情况。

（七）加大环境综合监管力度，强化监管效能。地方生态环境执法部门应将"三磷"建设项目企业纳入年度执法计划，加大执法检查力度，对发现的未批先建、环保"三同时"不落实、未验先投、无证排污、不按证排污等违法违规行为依法进行处理处罚。

三、落实信息公开要求，主动接受社会监督

（八）强化信息公开，建立共享机制。地方生态环境部门应按照信息公开相关要求，主动公开项目环评文件受理情况、拟作出的审批意见和审批决定，并在全国排污许可证管理信息平台及时公布"三磷"企业排污许可证发放情况，保障公众环境保护知情权、参与权和监督权。

建立完善环评文件审批、排污许可证核发、监督执法等信息共享机制，及时将环评、"三同时"、竣工环保自主验收和排污许可违法违规行为处罚情况等信息纳入全国企业信用信息公示系统，完善失信联合惩戒机制。

生态环境部办公厅

2019年12月31日

关于开展工业固体废物排污许可管理工作的通知

（环办环评〔2021〕26号）

各省、自治区、直辖市生态环境厅（局），新疆生产建设兵团生态环境局：

为贯彻落实《中华人民共和国固体废物污染环境防治法》和《排污许可管理条例》（以下简称《许可条例》），依法实施工业固体废物排污许可制度，现将有关事项通知如下。

一、总体要求

（一）工作目标

依法逐步将产生工业固体废物单位（以下简称产废单位）的工业固体废物（以下简称工业固废）环境管理要求纳入其排污许可证。

（二）实施范围

按照《固定污染源排污许可分类管理名录》（以下简称《名录》）应申请取得排污许可证的产废单位。对《名录》未作规定但确需纳入排污许可管理的产废单位，省级生态环境主管部门可根据《名录》第八条规定，提出其排污许可管理类别建议，报我部确定后开展试点。

（三）适用标准

产废单位排污许可证中工业固废相关事项申请与核发适用《排污许可证申请与核发技术规范　工业固体废物（试行）》（HJ 1200—2021）（以下简称固废技术规范）要求。《排污许可证申请与核发技术规范　石化工业》（HJ 853—2017）等45项排污许可证申请与核发技术规范中工业固废相关要求与固废技术规范不一致的不再执行。

（四）实施方式

对于固废技术规范实施后首次申请排污许可证的产废单位，应按照相关行业排污许可证申请与核发技术规范和固废技术规范申领排污许可证，核发的排污许可证中一并载明工业固废环境管理要求。

对于固废技术规范实施前已经申请取得排污许可证的产废单位，在排污许可证有效期内无需单独申请变更或重新申请排污许可证，待排污许可证有效期届满或由于其他原因需要重新申请、变更时，依法申请延续或重新申请、变更，并按照固废技术规范在排污许可证中增加工业固废环境管理要求。

（五）排污许可证内容

产废单位申请、延续、变更、重新申请排污许可证时，在全国排污许可证管理信息平台中提交工业固废排污许可申请材料。排污许可证中应载明工业固废的基本信息，自行贮存／利用／处置设施信息，台账记录和执行报告信息，以及工业固废污染防控技术要求。

二、主要任务

（一）指导产废单位做好申报准备工作

排污许可证审批部门应加强对产废单位的指导。产废单位在申请、延续、变更、重新申请排污许可证之前，应提前对照工业固废污染防控技术要求开展自查自纠，发现问题抓紧整改，在提交排污许可证申请前达到许可要求。产废单位申请、延续、变更、重新申请排污许可证时，应严格对照固废技术规范要求，在全国排污许可证管理信息平台上全面、准确、完整、规范填报工业固废相关内容，具体包括：产生的工业固废种类、产生环节、去向；自行贮存／利用／处置设施基本情况；应遵守的污染防控有关标准和规范；记录台账、提交执行报告的内容频次等。产废单位对填报内容的真实性、准确性、合规性负责。

（二）加强排污许可证审核把关

地方生态环境部门应建立排污许可证审批人员与固体废物管理人员的联合审核机制，固体废物管理人员参与排污许可证工业固废部分的审核过程，共同做好把关工作。审查排污许可证中的工业固废许可事项时，应重点审核申请材料中自行贮存／利用／处置设施是否符合污染防控技术要求，台账记录和执行报告要求是否符合固废技术规范，对不符合《许可条例》规定的法定条件的产废单位，依法不予核发排污许可证。排污许可证审批过程中，对工业固废产生量大、种类复杂的产废单位应开展现场审核。

（三）推动信息共享

排污许可证的环境管理台账记录表，应当明确工业固废台账的记录内容、频次、形式等，台账记录要求与现行有效的固废管理制度充分衔接，避免多套台账、重复填报。我部将优化全国排污许可证管理信息平台和全国固体废物管理信息系统，强化排污许可与固体废物相关管理数据对接和信息共享，推动企业在排污许可和固体废物相关业务办理中实现"单点登录、一网通办"。各级生态环境部门应引导产废单位通过全国固体废物管理信息系统记录一般工业固废台账信息。

三、组织保障

（一）做好组织实施

省级生态环境部门负责统筹和组织本行政区域内工业固废纳入排污许可工作，加强对市级生态环境部门排污许可证核发工作的指导。我部定期调度工业固废排污许可工作进展。

（二）开展宣贯培训

各级生态环境部门应结合地方实际，组织技术专家和业务骨干加大工业固废纳入排污许可管理政策解读和宣传培训力度，确保排污许可证审批、固体废物管理、生态环境执法等相关人员及产废单位、有关技术机构掌握管理要求。尤其要加强对固废技术规范实施前已经申请取得排污许可证的产废单位的指导，提醒其在排污许可证有效期内提前做好固废许可准备工作，避免影响其延续、变更、重新申领排污许可证。

（三）加强证后监管

各级生态环境部门要加强排污许可证监督执法，对未依法取得排污许可证产生工业固废的，未按排污许可证要求开展工业固废污染防控、进行台账记录、提交执行报告、开展信息公开的产废单位依法处罚。在排污许可证质量、执行报告审核指导和排污许可提质增效相关工作中，重点关注排污许可证中工业固废许可事项质量和执行情况。

（四）持续帮扶指导

我部将对各地生态环境部门工业固废排污许可管理工作进行帮扶指导，继续运用包保工作机制，组织专家加大技术指导力度，跟踪工作进展，适时开展现场指导。

生态环境部办公厅

2021 年 12 月 21 日

关于开展工业噪声排污许可管理工作的通知

（环办环评〔2023〕14 号）

各省、自治区、直辖市生态环境厅（局），新疆生产建设兵团生态环境局：

为贯彻落实《中华人民共和国噪声污染防治法》《排污许可管理条例》，依法实施工业噪声排污许可管理，现将有关事项通知如下。

一、总体要求

（一）工作目标

依法逐步将排放工业噪声的企业事业单位和其他经营者（以下简称排污单位）纳入排污许可管理，推动排污单位申请取得排污许可证或者填报排污登记表，在"十四五"期间将工业噪声依法全部纳入排污许可证管理。

（二）实施范围

按照《国民经济行业分类》（GB/T 4754）属于工业行业（行业门类为 B、C、D）的，且依据《固定污染源排污许可分类管理名录（2019 年版）》（以下简称《名录》）属于第 3 至 99 类应当纳入排污许可管理的排污单位。

属于《名录》第 3 至 99 类之外或者《名录》未作规定但确需纳入排污许可管理的排污单位，省级生态环境主管部门可根据《名录》第八条规定，提出其工业噪声排污许可管理建议，报我部确定。

（三）适用标准

排污单位排污许可证的申请与核发适用《排污许可证申请与核发技术规范 工业噪声》（HJ 1301—2023）（以下简称《工业噪声技术规范》）要求。

（四）实施方式

对于本通知发布后首次申请排污许可证的排污单位，应按照相关行业排污许可证申请与核发技术规范和《工业噪声技术规范》申请取得排污许可证，在排污许可证中一并记载工业噪声排污许可管理事项。

对于本通知发布前已经申请取得排污许可证的排污单位，应于2025年前完成工业噪声纳入排污许可证管理相关工作，可在排污许可证有效期届满或由于其他原因需要重新申请、变更排污许可证时，依据《工业噪声技术规范》，通过重新申请增加工业噪声排污许可管理事项。工业噪声排污许可管理事项可采用活页方式增加到排污许可证中，并在活页处加盖排污许可证审批部门公章。

对于纳入排污登记的排污单位，本通知发布后首次进行排污登记的，排污登记表中工业噪声管理相关内容应填报完整；本通知发布前已经进行排污登记的，待排污登记表延续或变更时增加工业噪声管理相关内容。

（五）排污许可证内容

排污单位重新申请排污许可证时，可以通过全国排污许可证管理信息平台或信函等方式提交工业噪声排污许可证申请表。排污许可证审批部门应依法对符合条件的排污单位颁发排污许可证，并在排污许可证中记载产噪单元及编号、主要产噪设施及数量、主要噪声污染防治设施及数量、厂界外声环境功能区类别、生产时段、工业噪声许可排放限值、自行监测要求以及环境管理台账记录、排污许可证执行报告编制、信息公开等要求。

二、主要任务

（一）指导排污单位做好申请填报

排污许可证审批部门应加强对排污单位的指导，督促排污单位在申请排污许可证时，严格对照《工业噪声技术规范》，填报工业噪声排污许可证申请表，强调排污单位应对申请表内容的完整性、真实性、准确性、合规性负责。

（二）加强排污许可证审核把关

排污许可证审批部门应建立联合审核机制，噪声管理人员参与工业噪声排污许可证申请表审核，重点审核许可排放限值、自行监测和环境管理台账记录要求是否符合《工业噪声技术规范》。必要时可以联合执法管理部门开展现场核查。

（三）组织开展排污登记工作

排污许可证审批部门应组织排污单位开展排污登记工作，督促排污单位延续、变更排污登记时，按照排污登记表格式（工业噪声部分）（详见附件），在全国排污许可证管理信息平台上如实填报，排污登记表内容包括工业噪声污染防治设施、排放标准名称及编号等。

（四）加强证后监管

各级生态环境部门要加强排污许可证后监管，强化排污许可证质量管理，督促排污单位持证排污、按证排污。加强排污许可执法监管，对未依法取得排污许可证排放工业噪声的，或未按照排污许可证要求进行工业噪声污染防治、噪声排放、台账记录、执行报告提交、信息公开的排污单位依法处罚。

三、组织保障

（一）做好组织实施

省级生态环境部门负责统筹和组织本行政区域内工业噪声纳入排污许可管理工作，加强对排污许可证核发工作的指导。

（二）开展宣贯培训

鼓励通过主流媒体和新媒体等多种方式开展形式多样的宣传培训，组织技术专家和业务骨干加大工业噪声纳入排污许可管理政策解读和宣贯力度，提高排污许可证审批人员、生态环境执法人员和技术机构等相关人员对工业噪声排污许可管理的认识和业务水平，提升排污单位合规申请、按证排污能力。

（三）强化帮扶指导

我部将加强工业噪声排污许可管理工作帮扶指导，继续运用包保工作机制，组织专家开展技术指导，定期跟踪工作进展，适时开展现场指导。

附件：排污登记表格式（工业噪声部分）

生态环境部办公厅

2023 年 9 月 29 日

附件

排污登记表格式（工业噪声部分）

工业噪声	□有 □无
工业噪声污染防治设施	□减振等噪声源控制设施 □声屏障等噪声传播途径控制设施
执行标准名称及标准号	

第二章

解读 政策文件

持续推进排污许可制改革　提升环境监管效能①

生态环境部原部长　李干杰

党的十九届四中全会审议通过的《中共中央关于坚持和完善中国特色社会主义制度、推进国家治理体系和治理能力现代化若干重大问题的决定》明确提出，构建以排污许可制为核心的固定污染源监管制度体系。

党中央把排污许可制定位为固定污染源环境管理核心制度，凸显了这项制度的极端重要性，是坚持和完善生态文明制度体系、推进环境治理体系和治理能力现代化的重要内容，是落实企事业单位治污主体责任、推动生态环境质量改善的有力举措，同时也有利于整合衔接固定污染源环境管理相关制度、减轻企事业单位负担，给企业明确稳定的污染排放管控要求和预期、推动形成公平规范的环境执法守法秩序。

全国生态环境系统认真落实党中央、国务院决策部署，按照"先试点、后推开，先发证、后到位"的总要求，积极推动排污许可制度改革，对固定污染源实施"一证式"管理。目前全国已核发排污许可证 12 万多张，管控废气排放口 30 多万个、废水排放口 7 万多个。生态环境部发布《排污许可管理办法（试行）》《固定污染源排污许可分类管理名录》和 50 多项排污许可证申请与核发技术规范，组织开展 8 省市 24 个行业 7.7 万个固定污染源清理整顿试点，对 39 个重点城市 10.7 万家企业排污许可证发放和治污设施建设情况进行专项检查。建成全国统一的排污许可管理信息平台，实现"同一平台申请核发、同一平台监管执法、同一平台执行公开"。随着改革任务逐项落地，"一

---

① 本文发表于 2020 年 1 月 11 日《经济日报》第 9 版：生态环保。

证式"管理理念逐步深入人心，排污许可制度的先进性和生命力正在不断显现。但总体来看，排污许可证尚未覆盖所有固定污染源，与其他环境管理制度的衔接仍待加强，法律法规有关责任规定还不健全，按证监管工作机制尚未建立，其管理效能有待进一步发挥。

当前和今后一段时期，各级生态环境部门要切实把思想和行动统一到党的十九届四中全会精神上来，持续推进排污许可制度改革，有效控制污染物排放，不断提升环境治理能力和水平。

一是实现固定污染源全覆盖。开展全国固定污染源清理整顿，对暂不能达到许可条件的企业开展帮扶、督促整改，实现"核发一个行业、清理一个行业、规范一个行业、达标一个行业"。修订《固定污染源排污许可分类管理名录》，增加登记管理类，实现行业全覆盖。依法将固体废物、噪声逐步纳入排污许可管理，强化与温室气体协同管理，实现环境要素全覆盖。逐步将入河入海排污口、海洋污染源等纳入排污许可管理，实现陆域、流域、海域全覆盖。

二是实施差别化精细化管理。根据排污单位污染物产生量、排放量及环境影响程度大小，科学分类管理。研究构建基于区域环境质量的许可排放量核定方法，对重点区域和一般区域、达标区域和非达标区域、重点行业和非重点行业分类施策，实现精准减排。结合国家、区域、流域、行业管理需求，进一步统一规范许可事项和许可管理要求，按"生产设施—治污设施—排放口"工序关系优化简化排污许可证内容。以企业实际排放量数据为基础确定重污染天气期间"一厂一策"应急减排要求，纳入排污许可证。

三是深度衔接融合生态环境制度。深入开展与环境影响评价制度的衔接，推动形成环评与排污许可"一个名录、一套标准、一张表单、一个平台、一套数据"。改革总量控制制度，以许可排放量作为固定污染源总量控制指标，以许可证执行报告中的实际排放量考核固定污染源总量控制指标完成情况。优化环境统计制度，以排污许可数据作为固定污染源环境统计的主要来源。与环境保护税交换共享企事业单位实际排放数据和纳税申报数据，引导企事业单位按证排污并诚信纳税。打通有效支撑"环评—许可—执法"的技术规范体系，统一污染物排放量核算方法，推动固定污染源排放数据的真实统一。

四是落实生态环境保护责任。推动出台《排污许可管理条例》，明确排污许可作为生产运营期间唯一行政许可的核心地位。将排污许可制执行情况纳入中央生态环境保护督察、强化监督定点帮扶、生态环境保护考核等，压实地方党委、政府责任，强化制度实施的硬约束。建立企业环境守法和诚信信息共享机制，强化排污许可证的信用约束。在排污许可证中明确排污单位的污染物排放控制措施和环境管理要求，推动企事业单位建立环境管理台账，按规定开展自行监测，定期上报执行报告，定期开展信息公开，自觉接受监督检查。

五是严格依证监管执法。将排污许可证执法检查纳入年度执法计划，按照"双随机、一公开"要求，围绕排污许可证开展固定污染源的"一证式"监管执法，统一执法尺度、公开执法信息、宣传执法情况、推动移动执法试点。规范依证执法工作内容，重点检查许可事项和管理要求落实情况，通过执法监测、核查台账、执行报告等手段，判定排污单位合规性。构建固定污染源一体化信息平台，开展许可证和执行报告质量自动检查，逐步接入执法信息，对接污染源在线监控数据，推动排污单位主要排放口二维码信息化。

建立控制污染物排放许可制
为改善生态环境质量提供新支撑 [①]

原环境保护部部长　陈吉宁

　　党的十八大以来，以习近平同志为核心的党中央把生态文明建设和环境保护摆上更加重要的战略位置，着眼于落实地方党委政府环境保护责任、企事业排污单位污染治理主体责任这两条主线，全面深化改革，实行最严格的环境保护制度，着力推动环境质量改善。中央《关于全面深化改革若干重大问题的决定》《生态文明体制改革总体方案》《国民经济和社会发展第十三个五年规划纲要》等明确提出要改革环境治理基础制度，建立和完善覆盖所有固定污染源的企事业单位控制污染物排放许可制。

　　近日，国务院办公厅印发《控制污染物排放许可制实施方案》(以下简称《方案》)，对完善控制污染物排放许可制度、实施企事业单位排污许可证管理作出总体部署和系统安排，是全面深化生态环境领域改革、推进环境治理体系和治理能力现代化的重要内容，是加强生态环境保护工作、改善生态环境质量的有力举措。全面落实《方案》，改革完善和实施好控制污染物排放许可制，使之成为固定污染源环境管理的核心制度，有利于全面落实排污者主体责任，有效控制污染物排放，持续提升环境治理能力和水平，加快改善生态环境质量。

　　坚持问题导向，推动落实企事业排污单位治污主体责任，实现污染源全面达标排放，严格控制污染物排放。企事业排污单位是我国污染物排放的主

[①] 本文发表于 2016 年 11 月 22 日《经济日报》第 14 版：绿周刊。

要来源之一，控制和减少企事业单位排污，对于降低污染物排放总量至关重要。长期以来，一些排污单位积极主动治污的主体责任意识淡薄，偷排、漏排以及超标排放等违法违规问题时有发生，直接导致一些地区生态环境质量恶化。实行最严格的环境保护制度，必须紧紧扭住企事业排污单位排污行为不放松，强化源头严防、过程严管、后果严惩。改革后的排污许可证是每个排污单位必须持有的"身份证"，是企事业单位生产运行期排污行为的唯一行政许可，是排污单位守法、执法单位执法、社会监督护法的基本依据。按照方案要求，企事业排污单位应当及时申领排污许可证，向社会公开申请内容，承诺按许可证规定排污并严格执行，同时加强自我监测、自我公开，并自觉接受监督，排放情况与排污许可证要求不符的，及时向环保部门报告。要通过排污许可证实施，建立从过程到结果的完整守法链条，推动企事业单位从"要我守法"向"我要守法"转变，全流程、多环节促进企事业排污单位改进治理和管理水平，主动减少污染物排放。

坚持目标指引，改革以行政区为主的总量控制制度，建立企事业排污单位污染物排放总量控制，更好地促进环境质量改善。排污许可是促进总量控制和质量改善紧密关联、有效协同的关键环节。区域性总量控制真正转型到服务于环境质量改善这一核心，必须通过企事业排污单位精细化的总量控制和许可要求来实现。改革完善控制污染物排放许可制，将流域控制单元、城市的环境质量改善要求落实到企事业单位，通过差别化和精细化的排污许可管理，改变以往单纯以行政区为单元、自上而下层层分解污染物排放总量指标的方式，逐步实现由行政区污染物排放总量控制向企事业单位污染物排放总量控制转变，控制的污染物种类逐步扩大到影响环境质量的污染物，范围逐步统一到固定污染源。环境质量不达标地区要对企事业单位排放污染物实施更加严格的管理和控制，做到"一厂一策"，排污许可证周期性换发要与环境质量限期达标规划相衔接，推动企业加快转型升级，提高资源利用效率和污染控制水平。

坚持系统思维，逐步整合、衔接固定源环境管理相关制度，构建固定污染源环境管理核心制度。改革开放以来，我国环境管理先后建立了排污收费、环境影响评价、"三同时"、排污申报与许可、总量控制等一系列制度，在防治污染方面发挥了重要作用。但从固定污染源管理来看，制度衔接不够，相互协同不好，管理效能不高，没有实现体系化、联动化、链条化。控制污染物排放许可制能否实用、管用、好用，关键在于整合衔接固定源环境管理的相关制度，使之精简合理、有机衔接，实现分类管理、一企一证，并与证后监管与处罚一体推动，使这项制度真正成为固定源环境管理的核心制度。一要衔接环评制度，在时间节点、污染排放审批内容等方面相衔接，实现项目全周期监管要求统一。二要整合总量控制制度，实现排污许可与企事业单位总量控制一体化管理，将企事业单位总量控制上升为法定义务。三要以实际排放数据为纽带，衔接污染源监测、排污收费、环境统计等制度，从根本上解决多套数据的问题。通过精简、整合和衔接，以排污许可证为核心和基础，明确各方责任，制定配套政策，改革推动固定源环境管理体系的重构。

坚持依法行政，严格依照排污许可证规定，规范监管执法行为，提升环境管理效力。排污许可证既是企事业单位的守法文书，也是环保部门的执法依据。依证监管是排污许可证实施到位的关键环节。环保部门对企事业单位排污行为的监管执法必须统一到排污许可证执行上，重点聚焦企事业单位许可证执行情况，核实企事业单位排放数据和执行报告的真实性，严厉打击无证排污和不按证排污的违法行为。通过排污许可证，既明确了企业的守法要求，也划定了环保部门的执法边界，给企业明确稳定的污染排放管控要求和预期，推动形成公平规范的执法守法秩序。

建立控制污染物排放许可制的目标已经明确，路径已经清晰。要抓紧制定工作计划，对固定污染源实施全过程管理和多污染物协同控制，实现系统化、科学化、法治化、精细化、信息化的"一证式"管理。当前，重点抓好两方面工作：

一是规范有序发放排污许可证，逐步推进排污许可证全覆盖。进一步完善法律法规，健全技术支撑体系，加大宣传培训力度。按照国家统一要求，率先在火电、造纸行业核发企业排污许可证，2017 年完成《水污染防治行动计划》和《大气污染防治行动计划》重点行业及产能过剩行业企业排污许可证核发，2020 年全国基本完成排污许可证核发。各地要制定实施计划，明确发放权限、程序和受理时间等相关工作要求，并向社会公布。环保部门要建立和完善审核程序和技术要求，对符合要求的企事业单位及时核发排污许可证，对存在疑问的开展现场核查，指导企事业单位及时申领，做到应发尽发。现有排污许可证要按方案要求及时进行规范。

二是构建统一信息平台，加大信息公开力度。建设统一的固定污染源管理信息系统，实现各级联网、数据集成、信息共享、社会公开，所有许可证的申请、核发、执法等管理纳入信息平台。建立企业环境守法和诚信信息共享机制，强化排污许可证的信用约束。环保部门建立信息通报制度，对信用低、违规情况多的企业设立"黑名单"，联合发改、工信、工商、税务、金融等部门共同惩治"黑名单"企业。设立企业污染物排放信息查询和反馈窗口，畅通公众查询和反馈排污单位污染物排放信息的渠道，树立企业环境保护主体责任意识。强化地方党委政府履行环境质量改善主体责任意识，引导社会各界、公众、媒体共同关注和监督企业排污行为，形成政府依法监管、企业依证守法、社会监督护法的良好氛围。

柱立则墙固，梁横则屋成。建立控制污染物排放许可制涉及面广、改革任务重，要有序有力统筹推进，将控制污染物排放许可制建设成为固定源环境管理的核心制度，建立系统化管理机制，实现对企业环境行为的"一证式"管理，有效控制和减少污染物排放，持续推动生态环境质量改善。

推进生态环境治理体系和治理能力现代化

生态环境部部长　黄润秋

　　排污许可制是固定污染源监管制度体系的核心制度，是深入打好污染防治攻坚战、持续改善生态环境质量的有力抓手，是推进经济高质量发展的重要支撑。党的十八大以来，党中央、国务院从推进生态文明建设全局出发，将排污许可制度作为生态文明制度改革的重要内容。全国生态环境系统认真贯彻落实党中央、国务院决策部署，按照"先试点、后推开，先发证、后到位"的总要求，积极推动排污许可制度改革，对固定污染源实施"一证式"管理。截至 2020 年年底，全国各省（区、市）已将 273.44 万家固定污染源纳入排污许可管理范围，对 33.77 万家核发排污许可证，对应发证但暂不具备条件的 3.15 万家下达排污限期整改通知书，对 236.52 万家污染物排放量很小的填报排污登记表，已经基本实现固定污染源排污许可"全覆盖"。

　　近日，国务院常务会议审议通过《排污许可管理条例》（以下简称《条例》），为排污许可制的发展完善奠定了法治基础。要认真贯彻实施好《条例》，打深打牢生态环境治理体系和治理能力现代化的根基，有效控制污染物排放，持续改善生态环境质量，提升生态文明水平，推进美丽中国建设。

全面把握《条例》颁布实施对提升环境治理效能、促进生态环境质量改善的重要意义

　　《条例》颁行提升了我国生态环境保护法治化水平。习近平总书记强调，"只有实行最严格的制度、最严密的法治，才能为生态文明建设提供可靠保障"。《条例》依据法律授权，对排污许可的范围、程序、证后监管、法律责任等

进行了系统规定，为推进排污许可制度改革提供了坚实法治保障。

《条例》颁布实施是深入打好污染防治攻坚战、持续改善生态环境质量的有力抓手。《条例》提出了多项以排污许可证为载体，不断降低污染物排放，从而促进改善生态环境质量的制度安排，为深入打好污染防治攻坚战保驾护航。重点区域蓝天保卫战强化监督定点帮扶结果表明，已发排污许可证企业基本均已按要求安装废气或废水污染治理设施，而应发未发的排污单位，仅70%安装废气污染治理设施、40%建设污水处理设施。排污许可制度对企业治理污染起到了明显促进作用。

《条例》实现了我国固定污染源监管流程的再造。排污许可制是"归一"，而不是"加一"，是一个整合各项制度的固定源管理的"底座"，让法律法规对一个企业提出的所有环保要求衔接融合到一个证上来，让信息和数据共享到一个高效统一的平台上来。《条例》的颁布实施标志着对污染物排放的管理从过去以准入为主的管理向既抓审批又抓事中事后监管的全流程管理转变。

准确把握《条例》的创新规定和深刻内涵

《条例》定位于构建以排污许可为核心的固定污染源环境监管制度，以建立"一证式"管理模式、实现固定污染源全覆盖、改善生态环境质量为核心、落实排污单位主体责任为原则，采用一系列创新突破措施落实改革需要和解决工作难题。

进一步明确了排污许可证的法律效力和地位。《条例》依据法律明确规定，排污单位无证不得排污，实施按证排污、按证监管的管理模式；将排污许可证作为企业守法、行政执法、社会监督的重要依据；统一污染物排放相关数据，为生态环境统计、排放总量考核、污染源排放清单编制等工作提供统一的污染物排放数据。

要求实现固定污染源全覆盖。过去不少排污单位游离于生态环境管理范围外，大量排污单位没有纳入到排污许可，成了全国生态环境系统的心病和心痛。《条例》的制定和实施有望解决这些问题。比如完善了排污许可分类管理。为了解决单个污染物产生量、排放量或者对环境影响程度很小，但总数量巨大、排污总量不低的排污单位长期游离于环境监管视野之外这一困扰已久的问题，《条例》在重点管理和简化管理的基础上，还增加了登记管理，规定污染物产生量、排放量很小和生态环境危害程度很低的排污单位，不需要申请领取排污许可证，仅需在全国排污许可证管理信息平台上登记污染物排放基本情况，将这类排污影响很小的单位全部纳入排污许可管理范围，有利于全面掌握固定污染源数量，起到对排污许可分类管理的补充作用。

推动相关制度与排污许可制度的全联动。《条例》以排污许可制为核心，深度衔接融合环境影响评价、总量控制、环境标准、环境监测、环境执法、环境统计等各项生态环境制度，将分散的管理制度整合到固定污染源全过程管理。

加快推动《条例》有力有效落地实施

《条例》的颁布实施是党中央、国务院作出的重大决策部署，凸显了排污许可制度的极端重要性。当前和今后一段时期，要加大工作力度，认真贯彻实施好《条例》。

有序推进固定污染源"全覆盖"工作。一是要根据《条例》规定，按照《固定污染源排污许可分类管理名录（2019 年版）》进行分类管理和填报登记，有条不紊按行业推进排污许可证核发工作，做到排污许可证应发尽发；二是要进一步加大固定污染源清理整顿工作，对暂不能达到许可条件的企业开展帮扶、督促整改。

推进生态环境管理制度衔接整合。深入开展与环境影响评价制度的衔接，推动形成环评与排污许可"一个名录、一套标准、一张表单、一个平台、一套数据"。改革总量控制制度，以许可排放量作为固定污染源总量控制指标，以许可证执行报告中的实际排放量考核固定污染源总量控制指标完成情况。

强化证后检查和依证监管执法。一是加大对排污许可证后监管工作的投入，加强监管人员培训，不断完善监管体系，提升监管能力；二是持续开展已核发排污许可证抽查，探索执行报告审计式检查。将排污许可证执法检查纳入年度执法计划，实现排污许可证常态化执法检查。

深化"放管服"改革，为企业做好减负服务。进一步简化排污许可的管理和技术要求，继续研究出台和修改完善排污许可相关配套政策，给企业明确稳定的污染排放管控要求和预期、推动形成公平规范的环境执法守法秩序等。

未来一段时间，我们要切实提高政治站位，以习近平生态文明思想为指导，统一思想，组织好《条例》的学习和宣传，强化举措，全面保障《条例》实施，推动《条例》实施任务再细化、落实再提速、基础再夯实、责任再强化，以钉钉子的精神逐项深入落实，有力有效推进生态环境治理体系和治理能力现代化向纵深发展，为深入打好污染防治攻坚战、持续推动生态环境质量改善、建设美丽中国作出新的更大贡献。

赵英民副部长接受新华社采访解读
《控制污染物排放许可制实施方案》

2016 年 11 月 21 日，环境保护部副部长赵英民就《控制污染物排放许可制实施方案》的相关内容接受了新华社记者的采访，以落实企业主体责任和推进环境管理精细化为重点进行了深入解读。

强化企业主体责任　推进环境管理精细化
——环境保护部副部长赵英民解读《控制污染物排放许可制实施方案》①

国务院办公厅近日印发《控制污染物排放许可制实施方案》，提出规范有序发放排污许可证，严格落实企事业单位环境保护责任。环境保护部副部长赵英民 21 日就方案的相关内容接受了新华社记者的采访。

问：实施方案重点要解决哪些方面的问题？

答：我国从 20 世纪 80 年代后期开始，各地陆续试点实施排污许可制，向约 24 万家企事业单位发放了排污许可证，取得初步成效。但总体来看，排污许可制在推动企事业单位落实治污主体责任方面的作用发挥不突出，环保

---

① 本文发表于 2016 年 11 月 21 日新华网，责任编辑：张倩。

部门依证监管不到位。

通过改革污染物排放许可制，一是要建立精简高效、衔接顺畅的固定源环境管理制度体系。将排污许可制建设成为固定污染源环境管理的核心制度，衔接环评制度，整合总量控制制度，为排污收费、环境统计、排污权交易等工作提供统一的污染排放数据，减少重复申报，减轻企事业单位负担。

二是推动落实企事业单位治污主体责任，对企事业单位排放大气、水等各类污染物进行统一规范和约束，实施"一证式"管理，要求企业持证按证排污，开展自行监测、建立台账、定期报告和信息公开，加大对无证排污或违证排污的处罚力度，实现企业从"要我守法"向"我要守法"转变。

三是规范监管执法，提升环境管理精细化水平。推行"一企一证"、综合许可，将环境执法检查集中到排污许可证监管上。

问：企事业单位如何通过排污许可证落实环境保护责任？

答：排污许可证将成为企事业单位生产运行期间排污行为的唯一行政许可和接受环保部门监管的主要法律文书。可以说，企事业单位排放水和大气污染物的法律要求全部在排污许可证上予以明确。

一是企业要按证排污。企事业单位应及时申领排污许可证并向社会公开，承诺按照排污许可证的规定排污并严格执行，确保实际排放的污染物种类、浓度和排放量等达到许可要求。

二是实行自行监测和定期报告。企业应依法开展自行监测，保障数据合法有效，妥善保存原始记录，建立准确完整的环境管理台账，安装在线监测设备的应与环保部门联网。定期、如实向环保部门报告排污许可证执行情况。

三是向社会公开污染物排放数据并对数据真实性负责。

这样一来，企业的责任清楚了，责任也公平了。多排放或者排放对环境影响越大的企业，要承担更多的环境治理责任，环保诚信好、责任意识强的企业将越来越受益。

问： 本次排污许可制改革会给社会公众监督带来哪些变化？

答： 排污许可制会在两个主要方面推动社会监督。一是实现信息化。国家将在 2017 年基本建成全国排污许可证管理信息平台，将排污许可证申领、核发、监管执法等工作流程及信息纳入平台，对排污许可证和企业的主要产污设施、排放口进行统一编码，逐步完善固定污染源排放的时间和空间信息数据。

二是在制度安排上加大信息公开力度。除企业公开信息外，政府及时公布监管执法信息；环保部门还将公布无证和不按证排污的企事业单位名单，纳入企业环境行为信用评价。

问： 发放排污许可证如何做到规范有序？

答： 一是要明确排污许可管理的范围。我们将制订并公布排污许可分类管理名录，明确实施排污许可管理的行业类别及企事业单位规模。

二是在实施步骤上分行业、分阶段推动。2016 年年底，率先在火电、造纸两个行业推动排污许可改革，同时在京津冀试点地区开展钢铁、水泥行业，在海南开展石化行业排污许可证试点，为全国实施奠定基础。2017 年要对"大气十条""水十条"确定的重点行业企业核发排污许可证。到 2020 年，基本完成各行业排污许可证核发。

三是在组织形式上体现国家统筹、地方推动。按照谁核发谁监管的原则，将许可证具体核发工作更多交给地方环保部门，对符合要求的企事业单位要及时核发排污许可证。排污许可证统一规定的管理内容目前主要包括水污染物和大气污染物，鼓励地方将固体废物和噪声依法纳入排污许可证管理。

中国这十年·系列主题新闻发布 |
叶民：全国330多万个固定
污染源全部纳入排污许可管理

　　中共中央宣传部于2022年5月12日在京举行"中国这十年"系列主题新闻发布会。生态环境部副部长叶民出席发布会，并与中央财办、国家发改委、科技部、商务部、中国人民银行相关负责人一起，围绕经济和生态文明领域建设与改革情况，回答了媒体提问。

　　发布会介绍了"中国这十年"经济和生态文明领域建设与改革基本情况。党的十八大以来的十年是扎实推进绿色发展的十年，是我国经济体制和生态文明体制不断改革完善的十年，我国的生态环境状况实现了历史性的转折，雾霾天气和黑臭水体越来越少，蓝天白云、绿水青山越来越多。

　　有记者提问构建现代环境治理体系的进展情况，叶民介绍，生态环境治理体系是国家治理体系和治理能力现代化建设的重要内容，也是实现美丽中国目标的重要制度保障。近年来，各地区各部门认真落实党中央、国务院的决策部署，取得了一些成效。在夯实党政主体责任方面，中央和各省分别制定了生态环境保护的责任清单，开展并持续深化中央生态环境保护督察；在生态环境法治建设方面，基本完成全国生态环境综合行政执法改革；在健全市场机制方面，全国碳排放权交易市场启动上线交易，绿色财税金融作用不断增强；在引导企业责任方面，将全国330多万个固定污染源纳入排污管理，引导企业低碳绿色转型发展；在构建全民行动体系方面，发布了《公民生态环境行为规范十条》等，推动形成绿色生活方式。

　　有记者问到在推进排污许可制改革方面开展了哪些工作，叶民表示，近年来，生态环境部持续推进排污许可改革。一是建立体系，将排污许可制度纳入多部法律；二是全面覆盖，将全国 330 多万个固定污染源全部纳入排污许可管理，实现了排污许可环境监管的全覆盖；三是融合制度，对 40 多个排污量比较小的行业，将环评登记与排污许可登记管理合并，稳步推动排污许可与各项制度衔接；四是严格监管，2021 年共查处排污许可案件 3500 多件，罚款超过 3 亿元；五是做好服务，建成全国统一的固定污染源排污许可管理信息平台，实现一网通办、跨省通办、全程网办。下一步，生态环境部将以排污许可制为核心，积极衔接各项固定污染源环境管理制度，贯彻落实《关于加强排污许可执法监管的指导意见》，全面推进"一证式"管理，努力构建企业持证排污、政府依法监管、社会共同监督的执法新格局。

司法部、生态环境部负责人就
《排污许可管理条例》答记者问

2021 年 1 月 24 日，国务院总理李克强签署第 736 号国务院令，公布《排污许可管理条例》（以下简称《条例》），自 2021 年 3 月 1 日起施行。日前，司法部、生态环境部负责人就《条例》的有关问题回答了记者提问。

问： 请简要介绍一下《条例》的出台背景。

答： 党中央、国务院高度重视排污许可管理工作。党的十九届四中全会审议通过的《中共中央关于坚持和完善中国特色社会主义制度　推进国家治理体系和治理能力现代化若干重大问题的决定》要求，构建以排污许可制为核心的固定污染源监管制度体系。党的十九届五中全会审议通过的《中共中央关于制定国民经济和社会发展第十四个五年规划和二〇三五年远景目标的建议》提出全面实行排污许可制。《中华人民共和国环境保护法》规定，国家依照法律规定实行排污许可管理制度；实行排污许可管理的企业事业单位和其他生产经营者应当按照排污许可证的要求排放污染物；未取得排污许可证的，不得排放污染物。《中华人民共和国大气污染防治法》和《中华人民共和国水污染防治法》授权国务院制定排污许可的具体办法。2016 年 11 月，国务院办公厅印发《控制污染物排放许可制实施方案》（国办发〔2016〕81 号）明确了目标任务、发放程序等问题，排污许可制度开始实施。

生态环境部在总结实践经验的基础上，起草了《排污许可管理条例（草案送审稿）》。司法部征求了中央有关部门和单位、部分地方人民政府以及有关企业的意见，召开专家论证会和部门座谈会，进行实地调研，会同生态环境部等有关部门对《排污许可管理条例（草案送审稿）》进行反复研究修改，形成了《排污许可管理条例（草案）》。2020 年 12 月 9 日，国务院常务会议审议通过了该草案。2021 年 1 月 24 日，李克强总理签署国务院令，正式公布《条例》。

问：《条例》在规范排污许可证申请与审批方面作了哪些规定？

答：规范排污许可证申请与审批对于提高审批效率、营造公平竞争环境、激发市场主体活力具有重要意义。《条例》在规范排污许可证申请与审批方面主要作了如下规定：一是要求依照法律规定实行排污许可管理的企业事业单位和其他生产经营者申请取得排污许可证后，方可排放污染物，并根据污染物产生量、排放量、对环境的影响程度等因素，对排污单位实行分类管理，具体名录由国务院生态环境主管部门拟订并报国务院批准后公布实施。二是明确审批部门、申请方式和材料要求，规定排污单位可以通过网络平台等方式，向其生产经营场所所在地设区的市级以上生态环境主管部门提出申请。三是明确审批期限，实行排污许可简化管理和重点管理的审批期限分别为 20 日和 30 日。四是明确颁发排污许可证的条件和排污许可证应当记载的具体内容。

问：《条例》在强化排污单位的主体责任方面作了哪些规定？

答：强化排污单位的主体责任是落实排污许可制度的关键环节。《条例》在强化排污单位的主体责任方面主要作了如下规定：一是规定排污单位污染物排放口位置和数量、排放方式和排放去向应当与排污许可证相符。二是要求排污单位按照排污许可证规定和有关标准规范开展自行监测，保存原始监测记录，对自行监测数据的真实性、准确性负责，实行排污许可重点管理的排污单位还应当安装、使用、维护污染物排放自动监测设备，并与生态环境主管部门的监控设备联网。三是要求排污单位建立环境管理台账记录制度，如实记录主要生产设施及污染防治设施运行情况。四是要求排污单位向核发排污许可证的生态环境主管部门报告污染物排放行为、排放浓度、排放量，并按照排污许可证规定，如实在全国排污许可证管理信息平台上公开相关污染物排放信息。

问：《条例》在加强排污许可的事中事后监管方面作了哪些规定？

答：加强事中事后监管是将排污许可管理制度落到实处的重要保障。《条例》在加强排污许可的事中事后监管方面主要作了如下规定：一是要求生态环境主管部门将排污许可执法检查纳入生态环境执法年度计划，根据排污许可管理类别、排污单位信用记录等因素，合理确定检查频次和检查方式。二是规定生态环境主管部门可以通过全国排污许可证管理信息平台监控、现场监测等方式，对排污单位的污染物排放量、排放浓度等进行核查。三是要求生态环境主管部门对排污单位污染防治设施运行和维护是否符合排污许可证规定进行监督检查，同时鼓励排污单位采用污染防治可行技术。

生态环境部环境影响评价与排放管理司、
法规与标准司有关负责人就
《排污许可管理办法》有关问题答记者问

生态环境部近日修订发布《排污许可管理办法》（以下简称《管理办法》）。为深入了解《管理办法》的修订背景、总体思路和主要内容，记者采访了生态环境部环境影响评价与排放管理司、法规与标准司有关负责人，对《管理办法》进行详细解读。

问：《管理办法》修订发布的背景和意义是什么？

答：党中央、国务院高度重视排污许可管理工作，为落实党中央、国务院决策部署，进一步推动环境治理基础制度改革，从"十三五"开始，按照国务院办公厅印发的《控制污染物排放许可制实施方案》的要求，大力推进排污许可制改革，并于 2018 年 1 月发布了《排污许可管理办法（试行）》，规定了排污许可证核发程序、明确了排污许可证的内容、强调落实排污单位按证排污责任、要求依证严格开展监管执法、强调加大信息公开力度、提出排污许可技术支撑体系。

随着排污许可制改革的不断深入，政策要求和法律要求发生了新变化。从政策看，党的十九届四中全会提出"构建以排污许可制为核心的固定污染源监管制度体系"，党的二十大和十九届五中全会提出"全面实行排污许可制"，突出了排污许可制度在固定污染源环境监管中的核心地位。

2019 年年底，《固定污染源排污许可分类管理名录（2019 年版）》（以下简称《名录》）出台，固定污染源排污许可全覆盖开始实施，并增加了登记管理类别。《中华人民共和国固体废物污染环境防治法》《中华人民共和国土壤污染防治法》《中华人民共和国噪声污染防治法》《中华人民共和国海洋环境保护法》先后制修订发布，均明确提出了排污许可管理相关内容。特别是2021年3月1日，《排污许可管理条例》（以下简称《条例》）发布实施，进一步明确了排污许可申请、核发、登记的程序要求及监管要求，强化了企业主体责任，规定了相关法律责任。

因2018年版《管理办法》发布在前，其在管理对象、管理程序、管理内容、实施监管以及法律责任等方面，与《条例》部分内容存在不一致，且缺少《条例》规定的排污登记等相关规定，已经不能满足排污许可现行环境管理需要。

问：《管理办法》的修订原则是什么？

答：《管理办法》是对《条例》的深化、细化和实化，规范排污许可证申请与审批工作程序，全面落实排污许可"一证式"管理，强化排污单位主体责任，推动排污许可制度落地执行。在《管理办法》修订过程中，我们坚持如下修订原则：

一是依法依规、规范管理。落实法律法规要求，明确实施水、大气、固体废物、噪声综合许可，依法将土壤污染重点监管单位管控要求纳入许可管理。落实《条例》要求，将排污登记单位纳入管理范围，并规范排污许可证的申请与审批程序。

二是突出核心、推动衔接。衔接融合环评、总量、生态环境统计、污染源监测、排污权管理、土壤污染隐患排查等相关环境管理制度。推动排放量统一核算，提出落实自行监测要求，推进执行报告中污染物实际排放量数据应用。

三是"一证"管理，压实责任。落实"一证式"监督管理，规定排污许可事中事后管理内容，提升监管效能。突出排污单位的按证排污以及生态环境部门依规核发、按证监管责任，明确公众参与途径，压实各方责任。

问：《管理办法》的修订重点有哪些？

答：《管理办法》修订后，由原来的七章68条修订成六章46条。与

2018年版《管理办法》相比，本次修订删除与目前管理思路不一致规定以及《条例》已明确规定内容，从衔接《条例》、提升环境管理效能角度更新优化相关规定，并补充排污登记管理、制度衔接、质量核查、重新申请、执行报告检查、信息公开等规定。主要包括如下三条修订重点：

一是将排污登记单位纳入管理范围。按照《条例》要求，将排污登记单位纳入管理范围，增加排污登记的填报内容、流程规定、主体责任要求，对于加强排污登记单位的管理具有指导意义。

二是规范管理流程。按照《条例》要求，细化部分审批部门审批过程中已经充分论证有用的排污许可证申请材料的相关说明。细化审批流程、审批时限要求，提出技术评估要求，增加重新申请审批流程及提交材料要求，细化延续、变更各情形的相关程序及时限要求。

三是细化依证监管内容。按照《条例》要求，强化持证排污单位和排污登记单位日常管理内容，加强排污许可事中事后监管，增加执行报告监管执法的具体要求及规定，强化排污许可证质量核查要求，推进"一证式"管理落地。

问：修订的《管理办法》与《条例》的关系是什么？

答：《管理办法》是对《条例》的细化和实化。在结构和思路上与《条例》保持一致，在内容上进一步实化和细化。一方面，《管理办法》全面落实《条例》规定的申请、受理、审批、排污管理、法律责任等要求；另一方面，《管理办法》突出问题导向，结合排污许可制改革实践经验和遇到的问题，承接以往行之有效的改革举措，对排污许可证申请、审批、执行、监管全过程的相关规定以及排污登记内容进行完善，提高可操作性。

《管理办法》是对《条例》的进一步深化。为更好服务企业、服务基层，《管理办法》提出进一步优化流程和简化材料相关要求，提出排污许可证申请材料不再强制要求提交纸质材料，基本信息变更情形、延续情形无须提交承诺书和副本，变更内容可载入变更、延续记录，不再强制重新换发副本，对于遗失补领不再强制要求纸件补领，不再规定提交书面执行报告，已经办理排污许可证电子证照的鼓励自行打印排污许可证。

问： 在推进实施《管理办法》方面有哪些考虑？

答： 修订后的《管理办法》将自 2024 年 7 月 1 日起施行，《排污许可管理办法》（试行）同时废止。下一步，我部将从以下三个方面抓好落实：

一是做好宣传解读。加大宣传力度，及时组织举办培训，做好政策解读，加深企业和基层对排污许可政策的理解，及时回应社会公众关切，宣传排污许可改革典型案例。二是加强指导帮扶。加强部门协同、部省联动，优化排污许可包保机制，发挥分片区帮扶指导作用，持续指导规范开展排污许可管理，防止在实施中变形走样。三是加强跟踪监管。我部加强排污许可管理，压实企业按证排污，基层按规发证、依证监管的主体责任，推进全面实施排污许可"一证式"管理，推动落实好排污许可制度。

生态环境部环境影响评价与排放管理司有关负责人就《固定污染源排污许可分类管理名录（2019年版）》等系列文件答记者问

生态环境部近日印发了《固定污染源排污许可分类管理名录（2019年版）》《关于做好固定污染源排污许可清理整顿和2020年排污许可发证登记工作的通知》以及《固定污染源排污登记工作指南（试行）》（以下分别简称《名录》《通知》和《指南》）等重要文件。就文件出台背景、主要内容，生态环境部环评司有关负责人回答了记者的提问。

问：为什么要修订排污许可名录？

答：排污许可制度改革是党中央、国务院生态文明体制改革的重要内容，《固定污染源排污许可分类管理名录》主要解决哪些排污单位实施排污许可管理和应该纳入什么类别管理的问题，是排污许可制度改革的重要支撑。2017年版名录对推动排污许可改革起到了重要作用，取得了阶段性成果。在排污许可制实施的过程中，我们也发现一些问题：一是与污染防治攻坚战重点任务结合还不够，一些重点行业未纳入2017年版名录，不能适应生态环境保护工作新形势需求。二是没有将一些行业产排污量很小的排污单位纳入排污许可管理，没有实现固定污染源全覆盖。三是随着行业生产工艺和环保治理技术的进步，部分行业产排污状况也在不断变化，一些行业管理类别划分不够科学合理，原有的管理类别划分标准需要更新。四是2017年《国民经济行业分类》修订调整后，行业类别划分发生了一定变化，名录行业分类与《国民经济行业分类》（GB/T 4754—2017）等不对应。因此，我们决定对2017年版名录予以修订完善。

问：2019 版名录修订的总体思路是什么？

答：一是解决排污许可未全覆盖的问题。《国民经济行业分类》（GB/T 4754—2017）共 1 382 个行业小类，其中涉及固定污染源的有 706 个，全部已纳入 2019 年版名录。通过增加登记管理类别，2019 年版名录已实现陆域固定源的全覆盖。二是解决管理分类不合理的问题。我们根据污染防治攻坚战要求和行业特点，通过调整生产规模、工艺特征、原料使用量、燃料类型等管理类别的界定标准，确保"全面管理、重点突出"。三是解决和其他统计分类不衔接的问题。我们按照《国民经济行业分类》（GB/T 4754—2017）中的行业名称和代码调整名录的行业分类，实现排污许可制与环境统计、"二污普"等工作的衔接。

问：2019 年版名录与 2017 年版名录相比有哪些明显变化？

答：在保持管理尺度一致性和延续性的基础上，为解决 2017 年版名录存在的问题，2019 年版名录在管理和行业类别的设置和划分、分类标准的表述方面都有比较大的调整。一是 2019 年版名录共包含 108 个行业类别（涉及国民经济行业分类中 49 个大类、212 个中类、706 个小类）和 4 个通用工序，2017 年版名录包含 78 个行业类别（涉及 31 个大类、104 个中类、295 个小类），2019 年版名录比 2017 年版名录增加了 30 个行业类别（涉及 18 个大类、108 个中类、411 个小类）。二是科学优化分类，对 262 个小类调整了分类，扩大了范围。三是对 263 个小类新增登记管理类别。四是为保证名录的时效性，不再规定发证和登记时限，在《通知》中明确现有排污单位发证和登记时限。

问：《名录》中有行业类别和通用工序，实际上很多行业都涉及通用工序，它们之间是什么关系？

答：2019 年版名录第六条提到了通用工序。为了便于理解，分几种情形给大家举例说明：一是列明按照通用工序进行重点管理或者简化管理的，应根据通用工序的管理类别申请排污许可证。例如，《名录》第 91 类仪器仪表制造业列明按照所涉及通用工序进行管理，某家通用仪器仪表制造企业仅涉及表面处理通用工序，则企业只需要对表面处理设施和相应的排放口申请重点或简化的排污许可证，不需要对其他（如打磨、组装）生产设施和相应的排放口等申请排污许可证。二是主行业有明确行业划分的，按主行业的管理类别申请排污许可证。例如，《名录》第 95 类中明确火力发电（4411）属于重点管理，若一家火电企业申请排污许可证时，锅炉属于企业自身生产设备，同时还涉及水处理站，则应根据火电行业技术规范中的要求对企业锅炉、水处理和其他生产设备和相应的排放口等申请一张重点管理的排污许可证。三是通用工序重点管理只与环境要素相关。例如，某家采矿企业涉及锅炉和污水处理站，因锅炉被纳入大气环境重点排污单位名录，污水处理站未纳入水环境重点排污单位名录，按"一企一证"原则，该企业需申领一张许可证，其中锅炉按重点管理，污水处理站按简化管理。

问：《名录》未作规定行业的排污单位如何管理？

答：《名录》第 108 类其他行业中有两类企业需要纳入排污许可管理。一是涉及通用工序的，应当对其涉及的通用工序申请领取排污许可证或者填报排污登记表。例如，有锅炉的酒店，应根据锅炉的管理类别申请领取排污许可证或者填报排污登记表。二是有第七条中六类情形之一的，还应当对其生产设施和相应的排放口申请领取重点管理排污许可证。例如，某汽车修理厂被列入重点排污单位名录，应当对相应排污设备和相应的排放口申请领取重点管理排污许可证。此外，《名录》未作规定的排污单位，确需纳入排污许可管理的，其排污许可管理类别由省级生态环境主管部门提出建议，报生态环境部确定。

问：排污许可近期相关政策制定如何落实"放管服"改革要求？

答：生态环境部高度重视并积极支持促进中小企业发展工作，按照"放管服"要求深化环评和排污许可改革，积极优化营商环境，在近期出台的排污许可相关政策中提出具体措施。

一是为确保实现固定污染源全覆盖的同时又能减轻企业负担，生态环境部在原有固定污染源排污许可分类管理的基础上，对污染物产生量、排放量都很小的企业实行排污登记，在全国排污许可证管理信息平台填报排污登记表。登记管理不属于行政许可，不需要申请取得排污许可证，这样更具有可操作性，也更符合企业实际情况，确保国务院"放管服"改革精神落实落地。登记的方式、内容、程序等在《指南》中予以明确。

二是坚决遏制和制止"一刀切"现象。目前我国仍有不少企业存在"未批先建"、环保设施不完善、还不能做到达标排放等历史遗留问题。对于此类企业，如果不符合排污许可证核发条件，《通知》规定可以通过下达整改通知书，明确整改内容、整改期限等要求，整改期限根据情况有长有短，一般为 3 个月至 1 年。整改期限到了，如果还没做好，再采取相应的处罚措施，坚决遏制和制止"一刀切"现象。

三是规范制订更突出帮扶指导和可操作性，如近期发布的印刷等行业排污许可证申请与核发技术规范，充分考虑企业规模普遍较小，环境治理水平低，治理措施不成熟，管理能力相对较差，很多排污单位还没有实现达标排放的现状，总体按照"源头管用量、过程抓措施、结果查执行"原则，在规范中更加细化对治理设施等的要求，重点推动排污单位实现达标排放。

四是充分考虑管理延续性，2019 年版名录实施前已按规定申领的排污许可证依然有效，排污单位申请变更的，按照 2019 年版名录规定的管理类别执行。

问：下一步如何确保 2019 年版名录规定的行业做到排污许可全覆盖？

答：完成覆盖所有固定污染源的排污许可证核发工作，是党的十九届四中全会精神、生态文明体制改革总体方案、国务院控制污染物排放许可制实施方案等提出的重要改革目标任务，是打好污染防治攻坚战的重要支撑。今年 3 月起，生态环境部在北京、天津、河北、山西、江苏、山东、河南、陕西等 8 个省（市）部署开展了固定污染源清理整顿试点工作，通过试点排查出近 5000 家未按期领证排污单位。

结合试点经验，近期生态环境部印发了《通知》，部署全国各级生态环境部门按照 2019 年版名录，分别于 2020 年 4 月底前完成已发证行业固定污染源清理整顿工作、2020 年 9 月底前基本完成所有行业排污许可证核发和排污信息登记工作，切实做到"核发一个行业、清理一个行业、规范一个行业、达标一个行业"，实现固定污染源排污许可全覆盖。工作任务总体包括：

一是同步部署，实现全覆盖。将应核发排污许可证或登记管理的所有排污单位全部纳入排查范围，通过落实"摸、排、分、清"四项工作任务，全面摸清固定污染源底数，既要确保完成已发证行业清理整顿，又要全力完成 2020 年排污许可发证和登记，两项工作思路、方式和方法一致。

二是实事求是，先发证再到位。坚持以改善区域环境质量为核心，以改革的精神正确处理历史遗留问题，实事求是、考虑现实、兼顾历史，实施分类处置。对于存在问题的排污单位，按照"先发证再到位"的原则，根据排污单位的整改承诺，先下达整改通知书，给予合理整改期，强化帮扶指导，引导排污单位规范排污行为，为推动排污单位守法创造条件。

三是明确责任，强化监督。督促排污单位落实环保主体责任，排污单位依法申领，按证排污，自证守法。生态环境部门基于排污单位守法承诺，依法发证，依证监管。对于无证排污单位，依法查处，严厉打击。

同时，生态环境部将加强政策指导，建立帮扶工作机制，组织技术专家和业务骨干，做好宣传培训和政策解读，及时帮助解决难点、重点问题，提供有力技术支持保障。生态环境部将定期调度各地工作进展，对未能按期完成工作任务、排查不彻底、问题较突出的地区，将视情况进行通报、约谈、督办、问责。

生态环境部环境影响评价与排放管理司
有关负责人就《全面实行排污许可制实施方案》
有关问题答记者问

近日，生态环境部发布《全面实行排污许可制实施方案》（以下简称《实施方案》）。生态环境部环境影响评价与排放管理司有关负责人就相关情况回答了记者提问。

问：《实施方案》发布的背景和意义是什么？

答：从"十三五"开始，生态环境部贯彻落实党中央、国务院决策部署，大力推进排污许可制改革，实现了固定污染源排污许可管理全覆盖，完成了阶段性改革任务，为提高管理效能和改善生态环境质量奠定了坚实基础。

近年来，党中央、国务院对深化排污许可制改革提出了新要求。党的二十大报告明确要求全面实行排污许可制，2024 年 1 月发布的《中共中央　国务院关于全面推进美丽中国建设的意见》再次提出全面实行排污许可制要求。党的二十届三中全会通过的《中共中央关于进一步全面深化改革　推进中国式现代化的决定》，明确"落实以排污许可制为核心的固定污染源监管制度"的改革目标任务。在此背景下，生态环境部发布《实施方案》，明确提出深化排污许可制改革的重点任务，主要包括"四大板块""十六方面"内容。

作为生态环境部落实党的二十届三中全会的首个改革文件，《实施方案》旨在贯彻落实党的二十大和二十届三中全会改革部署，深化排污许可制改革，落实以排污许可制为核心的固定污染源监管制度，实现固定污染源"一证式"管理，持续提升生态环境治理体系和治理能力现代化水平，助力建设美丽中国。

问：《实施方案》编制的总体考虑是什么？

答：《实施方案》以习近平新时代中国特色社会主义思想特别是习近平生态文明思想为指导，深入贯彻党的二十大和二十届三中全会精神，落实全国生态环境保护大会部署，紧紧围绕统筹推进"五位一体"总体布局，牢固树立创新、协调、绿色、开放、共享的新发展理念，遵循以下主要原则：

一是坚持前瞻性与承接性相统一。立足于现有排污许可制改革基础，承接以往行之有效的改革举措，继续深化、细化排污许可制改革。紧抓生态环境质量改善目标，紧扣污染物排放量管控，强化多污染物与新污染物协同控制，立足当前、谋划长远。

二是坚持战略性和操作性相兼顾。准确把握排污许可制改革阶段任务，充分利用现有法律法规、标准、政策体系，完善管理制度、基础能力，谋划未来五年甚至更长远的发展路径，增强宏观性和指导性，突出核心和全面，体现针对性和约束力。

三是坚持系统性和突破性相结合。紧密结合国家和区域环境质量改善需求，坚持系统观念，强化目标协同、任务协同、制度协同、监管协同，既全面统筹排污许可制自身改革内容，又推动解决改革进程的难点和瓶颈，更好服务保障深入打好污染防治攻坚战重点工作。

问：《实施方案》提出的改革工作目标有哪些？

答：《实施方案》锚定全面实行排污许可制改革目标，从深化排污许可制改革、落实以排污许可制为核心的固定污染源监管制度、全面落实固定污染源"一证式"管理等方面，对标党的二十大提出的全面改革任务，落实党的二十届三中全会提出的落实核心制度改革要求，提出分阶段改革工作目标。

《实施方案》提出，到2025年，全面完成工业噪声、工业固体废物排污许可管理，基本完成海洋工程排污许可管理，基本实现环境管理要素全覆盖。制修订污染物排放量核算方法等一批排污许可技术规范，完成全国火电、钢铁、水泥等行业生态环境统计与排污许可融合，推动固定污染源改革全联动。到

2027年，固定污染源排污许可制度体系更加完善，主要污染物排放量全部许可管控，落实以排污许可制为核心的固定污染源监管制度，排污许可"一证式"管理全面落实，固定污染源排污许可全要素、全联动、全周期管理基本实现，排污许可制度效能有效发挥。

问： 《实施方案》提出了哪些重点工作任务？

答： 《实施方案》对标"全面"，聚焦生态环境质量改善目标，突出污染物排放量管控，推进全面实行排污许可制，研究提出以下四方面重点工作任务。

一是持续深化排污许可制改革。聚焦完善法律法规标准体系、优化排污许可管理体系、强化排污许可事中事后管理、保障污染防治攻坚战等方面、推动各环境要素依法纳入排污许可管理，推动排污许可提质增效。

二是落实以排污许可制为核心的固定污染源监管制度。聚焦污染物排放量管控，推动多项环境管理制度在深度和广度上进一步衔接融合，明确环境影响评价、总量控制、自行监测、生态环境统计、环境保护税等制度与排污许可制的衔接路径，积极探索入河（海）排污口设置、危险废物经营许可证等与排污许可制衔接。

三是全面落实固定污染源"一证式"管理。聚焦三方责任，推动构建环境治理责任体系。从排污单位层面，推动排污单位构建基于排污许可证的环境管理制度；从管理部门层面，强化排污许可、环境监测、环境执法的联合监管、资源共享和信息互通，创新信息化监管方式；从社会公众层面，通过推动环境守法和诚信信息共享机制，构建环境信用监管体系，保障公众监督权利。

四是做好排污许可基础保障建设。通过优化全国排污许可证管理信息平台、加强组织保障等措施强化排污许可基础保障建设，提升许可平台规范化、智能化、便捷化水平，为全面实行排污许可制做好保障。

问：如何推进落实《实施方案》？

答：为保障《实施方案》提出的改革工作任务落地见效，下一步，生态环境部将从以下三个方面抓好落实。一是做好宣传解读。加强对各级生态环境管理部门和企业的培训工作，进一步提高管理部门对排污许可核心制度的认识，压实企业环境保护的主体责任，用好排污许可证这本生态环境保护"教科书""说明书"，推动企业持证排污、按证排污，不断提高污染治理和环境管理水平。二是加强组织实施。推动部门联动，协同推进全面实行排污许可制改革任务；加强法律法规技术体系支撑，确保改革任务落实到位；推进信息系统贯通协作，不断提高信息化水平，切实为基层减负和赋能。三是做好跟踪监管。持续完善排污许可包保工作机制，加强对全国全面实行排污许可制实施情况的跟踪，开展分片区帮扶指导，及时总结推广地方优秀改革案例，切实发挥《实施方案》在排污许可制改革中的重要作用。

生态环境部生态环境执法局负责同志就出台 《关于加强排污许可执法监管的指导意见》 答记者问

近日，经中央全面深化改革委员会审议通过，生态环境部印发了《关于加强排污许可执法监管的指导意见》（以下简称《指导意见》），提出以固定污染源排污许可制为核心，创新执法理念，加大执法力度，优化执法方式，提高执法效能，进一步构建企业持证排污、政府依法监管、社会共同监督的生态环境执法监管新格局。就文件出台背景、主要内容，生态环境部生态环境执法局有关负责同志回答了记者提问。

问：《指导意见》出台的背景是什么？

答：排污许可制是固定污染源监管制度体系的核心制度，是深入打好污染防治攻坚战、持续改善生态环境质量的有力抓手，党中央、国务院对此高度重视。习近平总书记多次指出，要全面实行排污许可制，建立健全风险管控机制；继续打好污染防治攻坚战，加强大气、水、土壤污染综合治理，持续改善城乡环境。

"十三五"时期，全国生态环境系统积极推动排污许可制改革，努力构建企业持证排污、政府依法监管、社会共同监督的生态环境执法监管新格局，严格执行环境保护法及配套办法，持续加大对无证排污等违法行为的打击力度。截至2021年年底，已组织全国将304.24万个固定污染源纳入排污许可管理范围，基本实现了固定污染源排污许可"全覆盖"，查处了各类违反《排污许可管理条例》的行政处罚案件3500余件，罚款3亿余元。

为深入贯彻落实党中央、国务院决策部署，生态环境部会同有关部门研究起草了《指导意见》，这是贯彻落实党中央、国务院决策部署，深入打好污染防治攻坚战的必然要求；是全面推进排污许可制改革，构建以排污许可制为核心的固定污染源监管制度体系的内在要求；同时也是贯彻落实《排污许可管理条例》的有力举措，将为各地排污许可执法监管工作指明方向和路径，推动企业持证排污、政府依法监管、社会共同监督的生态环境执法监管新格局的构建。

问：《指导意见》的编制思路和主要内容是什么？

答：《指导意见》坚持目标导向、问题导向和效果导向的有机统一。

一是坚持目标导向。《指导意见》提出到 2023 年年底，重点行业实施排污许可清单式执法检查，排污许可日常管理、环境监测、执法监管有效联动，以排污许可制为核心的固定污染源执法监管体系基本形成。到 2025 年年底，排污许可清单式执法检查全覆盖，排污许可执法监管系统化、科学化、法治化、精细化、信息化水平显著提升，以排污许可制为核心的固定污染源执法监管体系全面建立。

二是坚持问题导向。针对目前排污许可执法监管过程中存在的问题和困难，通过全面落实相关责任主体、严格执法监管、创新执法理念等细化措施予以解决或指明方向。

三是坚持效果导向。通过优化排污许可执法监管的方式、强化排污许可执法监管的支撑保障措施，全面提高执法效能，加快构建以排污许可制为核心的固定污染源执法监管体系。

《指导意见》的主要内容包括 5 部分 22 条。第一部分总体要求。明确了指导思想和工作目标。第二部分全面落实责任。包括压实地方政府属地责任，强化生态环境部门监管责任，夯实排污单位主体责任等。第三部分严格执法监管。包括依法核发排污许可证，加强跟踪监管，开展清单式执法检查，强化执法监测，健全执法监管联动机制，严惩违法行为，加强行政执法与刑事司法衔接等。第四部分优化执法方式。包括完善"双随机、一公开"监管，实施执法正面清单，推行非现场监管，规范行使行政裁量权，实施举报奖励，加强典型案例指导等。第五部分强化支撑保障。包括完善标准和技术规范，加强技术和平台支撑，加快队伍和装备建设，强化环保信用监管，鼓励公众参与，加强普法宣传等。

问：《指导意见》将聚焦解决哪些重点问题和困难？

答：为了做好文件起草工作，生态环境部对地方排污许可执法监管工作进行了深入调研，发现各地存在的问题和困难主要集中在 4 个方面：

一是关于落实地方政府生态环境保护责任方面。部分地方政府对实施排污许可制度的认识需要提升，责任需要进一步压实。有些排污单位在《排污许可管理条例》实施前已经实际排污，因为各类历史遗留问题无法取得排污许可证，且很多因涉及民生问题难以立即关停。为此，《指导意见》要求地方政府全面负责排污许可制度组织实施工作，明确部门职责，加强督查督办，统筹解决历史遗留问题，进一步压实地方政府责任。

二是关于排污许可证核发管理方面。多地反映，排污许可证核发环节是排污许可执法监管的重要前提，必须保证排污许可证核发准确；同时，希望明确核发程序及其内容，并充分考虑广大中小企业环境管理水平，简化环境管理台账记录、自行监测、排污许可证执行报告要求，加强帮扶指导和普法宣传。为此，《指导意见》提出，进一步增强排污许可证核发的科学性、规范性和可操作性，不断提高核发质量，开展排污许可证核发质量检查；同时，要求排污单位必须依法持证排污、按证排污，还要求在现场检查中加强普法宣传等。

三是关于排污许可执法监管联动机制方面。排污许可执法监管包括多个环节，涉及多个部门，还与其他生态环境管理制度密切联系，单靠排污许可管理部门或者执法部门无法实现全面监管，迫切需要排污许可日常管理、监测和执法等部门进一步理顺职责，形成监管合力。为此，《指导意见》提出健全执法监管联动机制，做好与生态环境监测、环境影响评价、生态环境损害赔偿工作衔接，开展清单式执法检查，优化排污许可执法方式，严厉打击违法行为。

四是关于排污许可执法监管保障方面。排污许可执法监管难度大、任务重，对各级生态环境部门尤其是一些人员和装备不足的基层生态环境部门提出了更高要求。部分地方积极运用信息化等科技手段，通过建立统一监管执法平台开展非现场执法，取得了良好效果，值得推广借鉴。为此，《指导意见》从完善标准和技术规范、加强技术和平台支撑、加快队伍和装备建设等方面提出了强化排污许可执法监管保障的措施。

问：《指导意见》印发实施后，将对排污许可执法监管带来哪些变化？

答：《指导意见》的出台将强化排污许可证作为生态环境执法监管的主要依据。一方面，将加强排污许可证动态跟踪监管，加大抽查指导力度，重点检查是否应发尽发、应登尽登，是否违规降低管理级别，实际排污状况与排污许可证载明事项是否一致。另一方面，将加大对无证排污、未按证排污等违法违规行为的查处力度，对偷排偷放、自行监测数据弄虚作假和故意不正常运行污染防治设施等恶意违法行为将依法严惩重罚。

在执法监管层面，《指导意见》提出了一系列创新性、综合性措施。一是创新性地提出"清单式执法检查"，将推行以排污许可证载明事项为重点的清单式执法检查；二是将完善"双随机、一公开"监管，将排污许可发证登记信息纳入执法监管数据库，采取现场检查和远程核查相结合的方式，对排污许可证及证后执行情况进行随机抽查；三是将实施执法正面清单，推动排污许可差异化执法监管，对守法排污单位减少现场检查次数；四是将推行非现场监管，依托全国排污许可证管理信息平台开展远程核查，强化污染源自动监控管理，推行视频监控、污染防治设施用水（电）监控，开展污染物异常排放远程识别、预警和督办；五是将建立排污许可典型案例收集、解析和发布机制，强化典型案例指导和警示教育作用。

问：《指导意见》将如何推动排污许可相关制度融合？

答： 全面推进排污许可制改革，实现固定污染源从环境准入、排污控制到执法监管的"一证式"全过程管理，相关制度的衔接和融合是重要环节，《指导意见》在推动排污许可相关制度融合方面提出了具体要求：

一是在排污许可执法监管方面，要求强化排污许可日常管理、环境监测、执法监管联动，加强信息共享、线索移交和通报反馈，构建发现问题、督促整改、问题销号的排污许可执法监管联动机制。同时要求健全执法和监测机构协同联动快速响应的工作机制，监测机构能够按照排污许可执法监管需求开展执法监测。

二是要加强排污许可执法监管与环境影响评价工作的衔接，要求将环境影响评价文件及批复中关于污染物排放种类、浓度、数量、方式及特殊监管要求纳入排污许可证，严格按证执法监管。

三是要做好排污许可执法监管与生态环境损害赔偿工作的衔接，要求明确赔偿启动的标准、条件和部门职责，推进信息共享和结果双向应用。

四是强化排污许可执法监管与环保信用评价工作的衔接，将申领排污许可证的排污单位纳入环保信用评价制度，加强环保信用信息归集共享，强化评价结果应用，实施分级分类监管，做好与生态环境执法正面清单衔接。

问： 如何抓好《指导意见》的组织实施？

答：《指导意见》的实施涉及地方政府和相关部门的职责，生态环境部将会同有关部门抓好《指导意见》落实，压实地方政府属地责任，加强政策协调和工作衔接，推动以排污许可制为核心的固定污染源执法监管体系的全面建立。

下一步，生态环境部将继续开展排污许可证的质量抽查，落实"双百"任务，推动排污许可提质增效。组织排污许可执法检查，加大对无证排污、未按证排污、自行监测数据弄虚作假等违法违规行为的打击力度。建立排污许可典型案例收集、分析解读和发布机制，及时曝光排污许可违法典型案件。

指导各地完善排污许可日常管理、环境监测、执法监管联动机制。开展重点行业清单式执法检查试点，推动依证监管。加强排污许可执法监管信息化建设，固定污染源管理与监控能力建设。生态环境部将持续调度各地在加强排污许可执法监管工作方面的亮点成效及典型案例，并定期组织宣传报道，促进经验交流，督促各地全面落实《指导意见》各项要求。

生态环境部环境影响评价与排放管理司 有关负责人就《"十四五"环境影响评价与 排污许可工作实施方案》答记者问

近日，生态环境部印发《"十四五"环境影响评价与排污许可工作实施方案》（以下简称《方案》）。针对《方案》出台的背景、原则、目标、任务等问题，生态环境部环境影响评价与排放管理司有关负责人回答了记者的提问。

问：出台《方案》有何背景和意义？

答：党中央、国务院高度重视环评与排污许可制度，将其作为生态文明体制改革的重要内容，作出一系列重要部署。习近平总书记和其他中央领导同志多次作出重要指示批示，指出环评是约束项目和园区准入的法制保障，是在发展中守住绿水青山的第一道防线。党的十九届四中、五中、六中全会，《中共中央 国务院关于深入打好污染防治攻坚战的意见》《中共中央 国务院关于完整准确全面贯彻新发展理念做好碳达峰碳中和工作的意见》等重要文件，就加强源头预防、构建以排污许可制为核心的固定污染源监管制度体系、全面实行排污许可制、强化"三线一单"生态环境分区管控（以下简称"生态环境分区管控"）等提出了明确要求。

"十四五"时期是深入打好污染防治攻坚战、持续改善生态环境质量的关键时期，是开启美丽中国建设新征程的第一个五年。制定实施《方案》是落实党中央、国务院决策部署的务实举措，有利于把中央有关重要精神、要求贯彻到环评与排污许可工作中；是落实国家和生态环境保护"十四五"规划的必然要求，有利于将规划中的路线表和时间表细化为施工图，健全以环评制度为主体的源头预防体系，构建以排污许可制为核心的固定污染源监管制度体系，协同推进经济高质量发展和生态环境高水平保护；是提升环评与排污许可制度效力的重要手段，有利于保证政策稳定性、连贯性和改革的计划性，稳定社会预期，形成抓落实的合力。

问："十四五"时期环评与排污许可改革的总体要求、主要目标和工作遵循是什么？

答："十四五"时期环评与排污许可工作坚持以习近平新时代中国特色社会主义思想为指引，全面贯彻党的十九大和十九届历次全会精神，深入贯彻习近平生态文明思想，立足新发展阶段，完整、准确、全面贯彻新发展理念，构建新发展格局，以持续改善生态环境质量为核心，坚持精准治污、科学治污、依法治污，坚持综合治理、系统治理、源头治理，坚持推进减污降碳协同增效，确立并实施生态环境分区管控制度，持续提升重点领域重点行业环评管理效能，全面实行排污许可制，协同推进"放管服"改革，充分发挥环评与排污许可在源头预防和过程监管中的效力，守住底线把好关，为深入打好污染防治攻坚战、推进高质量发展提供有力支撑。

"十四五"时期，将通过强化四个"坚持"，深化环评与排污许可改革，实现四个"进一步"的目标要求。即坚持问题导向、改革创新，坚持制度衔接、形成合力，坚持试点先行、稳中求进，坚持提升能力、强化支撑。努力实现源头预防作用进一步提升，排污许可核心制度进一步稳固，制度创新体系进一步丰富，基础保障进一步加强。

问：体制机制改革是"十三五"时期工作的突出亮点，"十四五"时期进一步深化改革的重点方向有哪些？

答："十三五"期间，环评"放管服"力度空前，取消了竣工环保验收和环评机构资质审批等多项行政许可，登记表由审批改为在线备案，环评进一步聚焦重点、优化流程、提高效能。"十四五"期间，将协同推进"放管服"，持续深化改革。

一是全链条优化管理。健全完善涵盖生态环境分区管控、规划环评、项目环评、排污许可的管理制度体系，明确功能定位、责任边界和衔接关系，避免重复评价。统一建设项目环评管理机制，推进形成环评统一管理格局。

二是全过程公正监管。加强日常业务监管，实施监管行动计划，常态化开展环评文件复核抽查，推进信用管理。坚持寓管于服，主动为基层、企业排忧解难，健全市级监管、省级抽查、部级指导的属地环评监管责任体系，健全与执法、督察部门信息共享和问题线索移交工作机制。

三是全方位提升服务。创新推进优化营商环境，推进政务服务标准化，实现排污许可事项"跨省通办"。不断提升审批服务水平，持续完善国家、地方、重大外资项目"三本台账"环评审批服务体系，依法依规推动重大项目科学落地。深化远程技术评估服务，解决小微企业和基层实际困难。

问：生态环境分区管控是生态环境宏观管控的重要抓手，"十四五"时期工作重点有哪些？

答：全国生态环境分区管控体系已初步建立，并基本完成地市级落地。"十四五"期间，生态环境分区管控的重点工作主要是加强成果应用和考核。

一是推进协同管控。探索建立跨区域、跨流域协同管控机制，推动长江全流域按单元精细化分区管控，加强黄河流域、京津冀等重点区域流域海域生态环境协同管控。开展减污降碳协同管控试点。

二是强化实施应用。推动完善政府为主体、部门深度参与的落地实施机制，加强在政策制定、环境准入、园区管理、执法监管等方面的应用。推动做好生态环境分区管控与主体功能区战略、国土空间规划分区和用途管制要求等工作的衔接。加强对生态、水、海洋、大气、土壤、固体废物等环境管理的支撑。

三是做好评估考核。强化评估、更新，建立年度跟踪与五年评估相结合的跟踪评估机制，推动建立以省级统筹为主的成果更新调整机制。强化考核，推动纳入攻坚战考核，鼓励地方纳入绿色低碳发展、高质量发展等考核，突出问题纳入生态环境保护督察。

问：中央提出要健全以环评制度为主体的源头预防体系，"十四五"时期将如何发挥好环评的预防效力？

答：环评制度是在发展中守住绿水青山的第一道防线，"十四五"时期将持续做好生态环境准入，在推进绿色转型发展、减污降碳协同增效、生态系统保护等方面，进一步提升环评的源头预防效能。

一是助力打造绿色发展高地。加强国家重大战略指向区域的生态环境源头防控，鼓励有关地方因地制宜制定更具针对性的环境准入要求。

二是促进重点行业绿色转型发展。推动重点工业行业绿色转型升级，推动有关行业治理改造，规范新能源、新材料等新兴行业环评管理。加强"两高"项目生态环境源头防控。提升港口、机场等基础设施建设行业环评管理水平。

三是强化生态系统保护。推进省级矿产资源、大型煤炭矿区、流域综合规划及水利水电等重点领域规划环评工作，优化开发格局、调控开发强度，严格重大生态影响类项目环评管理。此外，还将探索温室气体排放环境影响评价，做好新建项目环境社会风险防范化解等工作。

问：排污许可是中央改革事项，下一步将如何全面实行好排污许可制？

答："十四五"时期，排污许可工作将进一步巩固、深化"全覆盖""全联动"，推动"一证式"监管。

一是巩固排污许可全覆盖。将工业固体废物和工业噪声、海洋工程等依法纳入排污许可管理，实现环境要素全覆盖和"陆海统筹"。推动解决影响排污许可证核发的历史遗留问题。优化排污许可证内容，做好换、发证工作，实现固定污染源排污许可管理动态更新。

二是推动生态环境管理制度全联动。开展基于水生态环境质量的许可排放量核定试点研究。与环评联动，开展管理对象、内容和机制的衔接。与总量、环统等制度联动，将污染物排放量削减要求纳入排污许可证，推动将执行报告中的排放量作为环统的主要来源。

三是加强排污许可执法监管。构建以排污许可制为核心的固定污染源执法监管体系，作为日常执法监管的主要依据，并推进排污许可证清单式执法检查，落实好关于加强排污许可执法监管的指导意见。开展许可证质量抽查，推动纳入攻坚战考核，突出问题纳入生态环境保护督察。

生态环境部环境影响评价与排放管理司有关负责人就《关于加强"三磷"建设项目环境影响评价与排污许可管理的通知》有关问题答记者问

　　生态环境部近日印发了《关于加强"三磷"建设项目环境影响评价与排污许可管理的通知》（以下简称《通知》）等文件。就《通知》出台背景、主要内容等，生态环境部环境影响评价与排放管理司有关负责人回答了记者的提问。

　　问： 发布《通知》的目的和意义是什么？《通知》主要包括哪些内容？

　　答： 总磷是影响水环境质量的重要指标，特别是在长江经济带，磷矿采选与磷化工产业的快速发展导致总磷成为长江首要超标污染因子。国务院《"十三五"生态环境保护规划》（国发〔2016〕65 号）和《长江保护修复攻坚战行动计划》（环水体〔2018〕181 号）均对总磷污染防治提出了具体要求，做好磷矿、磷化工（包括磷肥、含磷农药、黄磷制造等）和磷石膏库（以下简称"三磷"）整治对改善水体环境质量非常重要。为落实相关要求，充分发挥环境影响评价制度的源头预防作用，强化排污许可监管效能，切实做好"三磷"建设项目环境影响评价与排污许可管理，我部结合正在开展的长江"三磷"专项排查整治等行动，制定了该《通知》。

　　《通知》的主要内容一是严格环境影响评价，源头防范环境风险；二是落实排污许可制度，强化事中事后监管；三是落实信息公开要求，发挥公众监督作用。

问：《通知》在污染物区域削减方面提出了哪些新要求？如何落实？

答：《通知》明确了总磷等主要污染物区域削减要求。

一是以环境质量改善为核心明确管理要求。项目实施后流域水环境质量非但不能恶化甚至要有所改善，因此分情形提出区域替代要求，对于建设项目所在水环境控制单元或断面总磷超标的，要实施总磷排放量2倍或以上削减替代，进一步削减控制单元或断面的污染物排放总量；所在水环境控制单元或断面总磷达标的，也要落实区域削减，总磷排放实施等量或以上削减替代。

二是替代量来源应切实发挥改善环境质量的作用。规定替代量应来源于项目同一水环境控制单元或断面上游拟实施关停、升级改造的工业企业，不得来源于农业源、城乡污水处理厂或已列入流域环境质量改善计划的工业企业，同时相应的减排措施还要确保在项目投产前完成。

三是强化了与排污许可制度衔接要求。各级生态环境部门在审查项目环境影响评价文件时要核实区域削减源，审批文件中对出让总量控制指标的排污单位要提出明确要求。在项目建成、产生实际排污行为前，排污许可证核发部门应对已取得排污许可证的出让总量控制指标的排污单位依法进行变更，对尚未取得排污许可证的出让总量控制指标的排污单位按削减后要求核发其排污许可证。

问：地方生态环境管理部门在建设项目环评审批时应重点关注哪些内容？

答：一是建设项目选址。从"三线一单"的角度，建设项目所在化工园区或产业园区应落实生态保护红线、环境质量底线、资源利用上线管控要求，建设项目应符合生态环境准入清单。从园区规划环评的角度，新建、扩建磷化工项目应符合园区规划及规划环评要求。从项目选址的角度，"三磷"建设项目选址不得位于国家法律法规明确禁止的建设区域。特别是加强对长江经济带建设项目的管控，长江干流及主要支流岸线1公里范围内禁止新建、扩建磷矿、磷化工项目，长江干流3公里范围内、主要支流岸线1公里范围内禁止新建、扩建尾矿库和磷石膏库。

二是建设项目采取的污染防治措施。《通知》结合行业污染物排放特点，从废水、废气、固体废物等方面提出了具体的管控要求。如磷石膏库渗滤液及污染雨水收集处理后全部回用，黄磷建设项目电炉气经净化处理后综合利用，磷石膏库、尾矿库、暂存场按第Ⅱ类一般工业固体废物处置要求采取防渗、地下水导排等措施，并建设地下水监测井，开展日常监控，防范地下水环境污染。

问："三磷"行业在实现排污许可全覆盖方面需要做哪些工作？

答：一是开展摸底排查。省级生态环境部门应以第二次污染源普查、尾矿库环境基础信息排查摸底、长江"三磷"专项排查整治等成果数据为基础，组织开展"三磷"行业清单梳理，建立应核发排污许可证的企业清单。

二是完成排污许可证按期核发。市级生态环境部门应如期完成磷肥、黄磷行业排污许可证核发，2020年9月底前完成磷矿排污许可证核发；新建、改建、扩建"三磷"建设项目在实际排污之前核发（变更）排污许可证，实现"三磷"行业固定污染源排污许可全覆盖。

三是与长江"三磷"专项排查整治行动结果整合。市级生态环境部门对长江"三磷"专项排查整治行动中要求关停取缔的"三磷"企业不予核发排污许可证，已经核发的应依法注销排污许可证；对纳入规范整治且已核发排污许可证的企业，督促其完成整改并执行排污许可证相关要求。

问：如何强化事中事后监管？

答：一是从环评的角度，开展环评文件批复落实情况检查。已经开工在建的，重点检查各项环保要求和措施是否同步实施，是否存在重大变动未重新报批等情况；已经投入生产或者使用的，重点检查各项环保措施是否同步建成投运，区域削减措施是否落实到位，是否按要求开展自主验收等。对未落实环评批复及要求的，责令限期改正并依法依规予以处理处罚。

二是从排污许可的角度，开展排污许可证质量和落实情况检查。各省（市）生态环境部门应在2020年3月底前完成含磷农药行业排污许可证质量和落实情况检查，2020 年 9 月底前完成磷肥、黄磷和磷矿行业排污许可证质量和落实情况检查，并将检查结果上传至全国排污许可证管理信息平台。

三是从强化监管的角度，加强环境综合监管力度。各级生态环境执法部门应将"三磷"建设项目企业纳入年度执法计划，加大执法检查力度，对发现的未批先建、环保"三同时"不落实、未验先投、无证排污、不按证排污等违法违规行为依法进行处理处罚。

四是充分发挥公众监督作用，强化信息公开，建立共享机制。各级生态环境部门应按照信息公开相关要求，主动公开项目环评审批和排污许可证发放情况，完善从环评、排污许可到监督执法的信息共享机制，及时将处罚情况纳入全国企业信用信息公示系统，完善失信联合惩戒机制。

生态环境部环境影响评价与排放管理司有关负责人就《关于开展工业噪声排污许可管理工作的通知》有关问题答记者问

近日，生态环境部印发《关于开展工业噪声排污许可管理工作的通知》（以下简称《通知》）。为全面深入了解《通知》的主要内容、实施重点，记者采访了生态环境部环境影响评价与排放管理司有关负责人，对《通知》进行了详细解读。

问：出台《通知》的背景和意义是什么？

答：《通知》作为工业噪声纳入排污许可的管理文件，与近期发布的《排污许可证申请与核发技术规范　工业噪声》（HJ 1301—2023）（以下简称《工业噪声技术规范》）配套实施，是贯彻落实《中华人民共和国噪声污染防治法》（以下简称《噪声法》）和《"十四五"噪声污染防治行动计划》（以下简称《行动计划》），推动开展工业噪声纳入排污许可工作的重要举措。《通知》的印发对于指导地方生态环境部门组织实施工业噪声纳入排污许可的相关工作有着十分重要的作用，将强化工业噪声排污许可管理，落实产噪单位主体责任，推进固定污染源排污许可证多环境要素"一证式"监管。

问：《通知》的主要内容有哪些？

答：《通知》与现行的排污许可管理要求保持一致，明确了工业噪声纳入排污许可管理的要求，指导地方依法有序开展排污许可证核发和开展排污登记管理工作，推动"十四五"期间工业噪声依法全部纳入排污许可证管理。

《通知》分为总体要求、主要任务、组织保障、附件四大部分。具体内容包括：一是明确工作目标、实施范围、适用标准、实施方式、排污许可证内容五个方面的总体要求；二是提出指导排污单位做好申请填报、加强排污许可证审核把关、组织开展排污登记工作、加强证后监管四项主要任务；三是要求做好组织实施、开展宣贯培训及强化帮扶指导三个方面的组织保障要求；四是规定排污登记表格式（工业噪声部分）内容。

问：《通知》的主要特点体现在哪些方面？

答：《通知》重点提出了推动落实工业噪声纳入排污许可管理的具体措施，主要体现在实施范围、实施时限、实施方式以及审核管理等方面。

在实施范围方面，纳入工业噪声排污许可管理的为行业类别属于《国民经济行业分类》中的工业行业，且依据《固定污染源排污许可分类管理名录（2019 年版）》（以下简称《名录》）应申请取得排污许可证或进行排污登记的排污单位。《通知》未作规定但确需纳入排污许可管理的排污单位，省级生态环境主管部门可根据《名录》第八条规定，提出其工业噪声排污许可管理建议，报生态环境部确定。

在实施时限方面，落实《噪声法》《行动计划》等相关要求，《通知》规定在 2025 年前完成工业噪声纳入排污许可证管理。

在实施方式方面，充分考虑减轻地方生态环境部门的发证压力，规定在《通知》发布前已经取得排污许可证的企业，排污许可证有效期内无须单独重新申请，排污单位可在排污许可证有效期届满或由于其他原因需要重新申请或变更排污许可证时，通过重新申请增加工业噪声相关内容。另外，《通知》规定了工业噪声排污许可管理事项可采用活页方式增加到排污许可证中，这也是优化完善排污许可证的一项新举措。

在审核管理方面，《通知》压实了各方责任，要求排污许可证审批部门指导排污单位做好申报准备工作，强调建立排污许可证审批人员与噪声管理人员联合审核机制，提出噪声管理人员直接参与工业噪声排污许可证申请材料的审核，重点审核许可排放限值、自行监测和环境管理台账记录要求，必要时可以联合执法人员开展现场核查，共同做好排污许可证审核把关、加强证后管理等具体要求。

问: 下一步如何推进《通知》的顺利实施?

答: 为推进《通知》顺利实施,我部将重点开展以下工作:一是做好组织协调。生态环境部将继续运用包保工作机制,指导地方有序开展工业噪声纳入排污许可管理,并适时开展现场指导。二是做好宣传解读。组织开展《通知》和《工业噪声技术规范》解读和技术培训,制定工业噪声排污许可证样本,提高对工业噪声排污许可管理的业务能力。三是加强证后监管。指导加强工业噪声排污许可监督执法,对未按照《通知》要求依法取得排污许可证排放工业噪声的,或未按排污许可证规定排放工业噪声的排污单位依法进行处罚。

附录

附录一

80 项排污许可申请与核发技术规范目录

序号	技术规范名称	编号	发布时间
1	火电行业排污许可证申请与核发技术规范	环水体〔2016〕189 号	2016-11-29
2	造纸行业排污许可证申请与核发技术规范	环水体〔2016〕189 号	2016-11-29
3	排污许可证申请与核发技术规范　钢铁工业	HJ 846—2017	2017-7-27
4	排污许可证申请与核发技术规范　水泥工业	HJ 847—2017	2017-7-27
5	排污许可证申请与核发技术规范　石化工业	HJ 853—2017	2017-8-22
6	排污许可证申请与核发技术规范　炼焦化学工业	HJ 854—2017	2017-9-13
7	排污许可证申请与核发技术规范　电镀工业	HJ 855—2017	2017-9-18
8	排污许可证申请与核发技术规范　玻璃工业——平板玻璃	HJ 856—2017	2017-9-12
9	排污许可证申请与核发技术规范　制药工业——原料药制造	HJ 858.1—2017	2017-9-29
10	排污许可证申请与核发技术规范　制革及毛皮加工工业——制革工业	HJ 859.1—2017	2017-9-29
11	排污许可证申请与核发技术规范　农副食品加工工业——制糖工业	HJ 860.1—2017	2017-9-29
12	排污许可证申请与核发技术规范　纺织印染工业	HJ 861—2017	2017-9-29
13	排污许可证申请与核发技术规范　农药制造工业	HJ 862—2017	2017-9-29
14	排污许可证申请与核发技术规范　有色金属工业——铅锌冶炼	HJ 863.1—2017	2017-9-29
15	排污许可证申请与核发技术规范　有色金属工业——铝冶炼	HJ 863.2—2017	2017-9-29
16	排污许可证申请与核发技术规范　有色金属工业——铜冶炼	HJ 863.3—2017	2017-9-29

序号	技术规范名称	编号	发布时间
17	排污许可证申请与核发技术规范　化肥工业——氮肥	HJ 864.1—2017	2017-9-29
18	排污许可证申请与核发技术规范　有色金属工业——汞冶炼	HJ 931—2017	2017-12-27
19	排污许可证申请与核发技术规范　有色金属工业——镁冶炼	HJ 933—2017	2017-12-27
20	排污许可证申请与核发技术规范　有色金属工业——镍冶炼	HJ 934—2017	2017-12-27
21	排污许可证申请与核发技术规范　有色金属工业——钛冶炼	HJ 935—2017	2017-12-27
22	排污许可证申请与核发技术规范　有色金属工业——锡冶炼	HJ 936—2017	2017-12-27
23	排污许可证申请与核发技术规范　有色金属工业——钴冶炼	HJ 937—2017	2017-12-27
24	排污许可证申请与核发技术规范　有色金属工业——锑冶炼	HJ 938—2017	2017-12-27
25	排污许可证申请与核发技术规范　总则	HJ 942—2018	2018-2-8
26	排污单位环境管理台账及排污许可证执行报告技术规范　总则（试行）	HJ 944—2018	2018-3-27
27	排污许可证申请与核发技术规范　农副食品加工工业——淀粉工业	HJ 860.2—2018	2018-6-30
28	排污许可证申请与核发技术规范　农副食品加工工业——屠宰及肉类加工工业	HJ 860.3—2018	2018-6-30
29	排污许可证申请与核发技术规范　锅炉	HJ 953—2018	2018-7-31
30	排污许可证申请与核发技术规范　陶瓷砖瓦工业	HJ 954—2018	2018-7-31
31	排污许可证申请与核发技术规范　有色金属工业——再生金属	HJ 863.4—2018	2018-8-17
32	排污许可证申请与核发技术规范　汽车制造业	HJ 971—2018	2018-9-28
33	排污许可证申请与核发技术规范　电池工业	HJ 967—2018	2018-9-23

序号	技术规范名称	编号	发布时间
34	排污许可证申请与核发技术规范　磷肥、钾肥、复混肥料、有机肥料及微生物肥料工业	HJ 864.2—2018	2018-9-23
35	排污许可证申请与核发技术规范　水处理	HJ 978—2018	2018-11-12
36	排污许可证申请与核发技术规范　家具制造工业	HJ 1027—2019	2019-5-31
37	排污许可证申请与核发技术规范　酒、饮料制造工业	HJ 1028—2019	2019-6-14
38	排污许可证申请与核发技术规范　畜禽养殖行业	HJ 1029—2019	2019-6-14
39	排污许可证申请与核发技术规范　食品制造工业——乳制品制造工业	HJ 1030.1—2019	2019-6-19
40	排污许可证申请与核发技术规范　食品制造工业——调味品、发酵制品制造工业	HJ 1030.2—2019	2019-6-19
41	排污许可证申请与核发技术规范　电子工业	HJ 1031—2019	2019-7-23
42	排污许可证申请与核发技术规范　人造板工业	HJ 1032—2019	2019-7-24
43	排污许可证申请与核发技术规范　工业固体废物和危险废物治理	HJ 1033—2019	2019-8-13
44	排污许可证申请与核发技术规范　废弃资源加工工业	HJ 1034—2019	2019-8-13
45	排污许可证申请与核发技术规范　食品制造工业——方便食品、食品及饲料添加剂制造工业	HJ 1030.3—2019	2019-8-13
46	排污许可证申请与核发技术规范　无机化学工业	HJ 1035—2019	2019-8-13
47	排污许可证申请与核发技术规范　聚氯乙烯工业	HJ 1036—2019	2019-8-13
48	排污许可证申请与核发技术规范　危险废物焚烧	HJ 1038—2019	2019-8-27
49	排污许可证申请与核发技术规范　生活垃圾焚烧	HJ 1039—2019	2019-10-24
50	排污许可证申请与核发技术规范　印刷工业	HJ 1066—2019	2019-12-10
51	排污许可证申请与核发技术规范　制药工业——中成药生产	HJ 1064—2019	2019-12-10

序号	技术规范名称	编号	发布时间
52	排污许可证申请与核发技术规范　制药工业——生物药品制品制造	HJ 1062—2019	2019-12-10
53	排污许可证申请与核发技术规范　制药工业——化学药品制剂制造	HJ 1063—2019	2019-12-10
54	排污许可证申请与核发技术规范　制革及毛皮加工工业——毛皮加工工业	HJ 1065—2019	2019-12-10
55	全国一体化在线政务服务平台　排污许可证　电子证照标准	C 0214—2019	2019-12-12
56	排污许可证申请与核发技术规范　码头	HJ 1107—2020	2020-2-28
57	排污许可证申请与核发技术规范　医疗机构	HJ 1105—2020	2020-2-28
58	排污许可证申请与核发技术规范　环境卫生管理业	HJ 1106—2020	2020-2-28
59	排污许可证申请与核发技术规范　羽毛（绒）加工工业	HJ 1108—2020	2020-2-28
60	排污许可证申请与核发技术规范　化学纤维制造业	HJ 1102—2020	2020-2-28
61	排污许可证申请与核发技术规范　专用化学产品制造工业	HJ 1103—2020	2020-2-28
62	排污许可证申请与核发技术规范　日用化学产品制造工业	HJ 1104—2020	2020-2-28
63	排污许可证申请与核发技术规范　煤炭加工——合成气和液体燃料生产	HJ 1101—2020	2020-2-28
64	排污许可证申请与核发技术规范　农副食品加工工业——水产品加工工业	HJ 1109—2020	2020-2-28
65	排污许可证申请与核发技术规范　农副食品加工工业——饲料加工、植物油加工工业	HJ 1110—2020	2020-2-28
66	排污许可证申请与核发技术规范　金属铸造工业	HJ 1115—2020	2020-3-4
67	排污许可证申请与核发技术规范　储油库、加油站	HJ 1118—2020	2020-3-4
68	排污许可证申请与核发技术规范　铁合金、电解锰工业	HJ 1117—2020	2020-3-4

序号	技术规范名称	编号	发布时间
69	排污许可证申请与核发技术规范　石墨及其他非金属矿物制品制造	HJ 1119—2020	2020-3-4
70	排污许可证申请与核发技术规范　涂料、油墨、颜料及类似产品制造业	HJ 1116—2020	2020-3-4
71	排污许可证申请与核发技术规范　水处理通用工序	HJ 1120—2020	2020-3-11
72	排污许可证申请与核发技术规范　工业炉窑	HJ 1121—2020	2020-3-27
73	排污许可证申请与核发技术规范　制鞋工业	HJ 1123—2020	2020-3-27
74	排污许可证申请与核发技术规范　橡胶和塑料制品工业	HJ 1122—2020	2020-3-27
75	排污许可证申请与核发技术规范　铁路、船舶、航空航天和其他运输设备制造业	HJ 1124—2020	2020-3-27
76	排污许可证申请与核发技术规范　稀有稀土金属冶炼	HJ 1125—2020	2020-4-1
77	排污许可证申请与核发技术规范　工业固体废物（试行）	HJ 1200—2021	2021-11-6
78	排污单位污染物排放口二维码标识技术规范	HJ 1297—2023	2023-5-26
79	排污许可证质量核查技术规范	HJ 1299—2023	2023-6-7
80	排污许可证申请与核发技术规范　工业噪声	HJ 1301—2023	2023-8-4

附录二

45 项排污单位自行监测技术指南目录

序号	技术规范名称	编号	发布时间
1	排污单位自行监测技术指南　总则	HJ 819—2017	2017-4-25
2	排污单位自行监测技术指南　火力发电及锅炉	HJ 820—2017	2017-4-25
3	排污单位自行监测技术指南　造纸工业	HJ 821—2017	2017-4-25
4	排污单位自行监测技术指南　水泥工业	HJ 848—2017	2017-9-19
5	排污单位自行监测技术指南　钢铁工业及炼焦化学工业	HJ 878—2017	2017-12-21
6	排污单位自行监测技术指南　纺织印染工业	HJ 879—2017	2017-12-21
7	排污单位自行监测技术指南　石油炼制工业	HJ 880—2017	2017-12-21
8	排污单位自行监测技术指南　提取类制药工业	HJ 881—2017	2017-12-21
9	排污单位自行监测技术指南　发酵类制药工业	HJ 882—2017	2017-12-21
10	排污单位自行监测技术指南　化学合成类制药工业	HJ 883—2017	2017-12-21
11	排污单位自行监测技术指南　制革及毛皮加工工业	HJ 946—2018	2018-7-31
12	排污单位自行监测技术指南　石油化学工业	HJ 947—2018	2018-7-31
13	排污单位自行监测技术指南　化肥工业——氮肥	HJ 948.1—2018	2018-7-31
14	排污单位自行监测技术指南　电镀工业	HJ 985—2018	2018-12-4
15	排污单位自行监测技术指南　农副食品加工业	HJ 986—2018	2018-12-4
16	排污单位自行监测技术指南　农药制造工业	HJ 987—2018	2018-12-4
17	排污单位自行监测技术指南　平板玻璃工业	HJ 988—2018	2018-12-4
18	排污单位自行监测技术指南　有色金属工业	HJ 989—2018	2018-12-4
19	排污单位自行监测技术指南　水处理	HJ 1083—2020	2020-1-6
20	排污单位自行监测技术指南　食品制造	HJ 1084—2020	2020-1-6
21	排污单位自行监测技术指南　酒、饮料制造	HJ 1085—2020	2020-1-6
22	排污单位自行监测技术指南　涂装	HJ 1086—2020	2020-1-6
23	排污单位自行监测技术指南　涂料油墨制造	HJ 1087—2020	2020-1-6

序号	技术规范名称	编号	发布时间
24	排污单位自行监测技术指南　磷肥、钾肥、复混肥料、有机肥料和微生物肥料	HJ 1088—2020	2020-1-6
25	排污单位自行监测技术指南　无机化学工业	HJ 1138—2020	2020-11-10
26	排污单位自行监测技术指南　化学纤维制造业	HJ 1139—2020	2020-11-10
27	排污单位自行监测技术指南　电池工业	HJ 1204—2021	2021-11-13
28	排污单位自行监测技术指南　固体废物焚烧	HJ 1205—2021	2021-11-13
29	排污单位自行监测技术指南　人造板工业	HJ 1206—2021	2021-11-13
30	排污单位自行监测技术指南　橡胶和塑料制品	HJ 1207—2021	2021-11-13
31	排污单位自行监测技术指南　有色金属工业——再生金属	HJ 1208—2021	2021-11-13
32	工业企业土壤和地下水自行监测技术指南（试行）	HJ 1209—2021	2021-11-13
33	排污单位自行监测技术指南　稀有稀土金属冶炼	HJ1244—2022	2022-4-27
34	排污单位自行监测技术指南　聚氯乙烯工业	HJ 1245—2022	2022-4-27
35	排污单位自行监测技术指南　印刷工业	HJ 1246—2022	2022-4-27
36	排污单位自行监测技术指南　煤炭加工——合成气和液体燃料生产	HJ 1247—2022	2022-4-27
37	排污单位自行监测技术指南　陆上石油天然气开采工业	HJ 1248—2022	2022-4-27
38	排污单位自行监测技术指南　储油库、加油站	HJ 1249—2022	2022-4-27
39	排污单位自行监测技术指南　工业固体废物和危险废物治理	HJ 1250—2022	2022-4-27
40	排污单位自行监测技术指南　金属铸造工业	HJ 1251—2022	2022-4-27
41	排污单位自行监测技术指南　畜禽养殖行业	HJ 1252—2022	2022-4-27
42	排污单位自行监测技术指南　电子工业	HJ 1253—2022	2022-4-27
43	排污单位自行监测技术指南　砖瓦工业	HJ 1254—2022	2022-4-27
44	排污单位自行监测技术指南　陶瓷工业	HJ 1255—2022	2022-4-27
45	排污单位自行监测技术指南　中药、生物药品制品、化学药品制剂制造业	HJ 1256—2022	2022-4-27

附录三

22 项污染防治可行技术指南目录

序号	技术规范名称	编号	发布时间
1	火电厂污染防治可行技术指南	HJ 2301—2017	2017-5-21
2	制浆造纸工业污染防治可行技术指南	HJ 2302—2018	2018-1-4
3	污染防治可行技术指南编制导则	HJ 2300—2018	2018-3-1
4	制糖工业污染防治可行技术指南	HJ 2303—2018	2018-12-29
5	陶瓷工业污染防治可行技术指南	HJ 2304—2018	2018-12-29
6	玻璃制造业污染防治可行技术指南	HJ 2305—2018	2018-12-29
7	炼焦化学工业污染防治可行技术指南	HJ 2306—2018	2018-12-29
8	印刷工业污染防治可行技术指南	HJ 1089—2020	2020-1-8
9	纺织工业污染防治可行技术指南	HJ 1177—2021	2021-5-12
10	工业锅炉污染防治可行技术指南	HJ 1178—2021	2021-5-12
11	涂料油墨工业污染防治可行技术指南	HJ 1179—2021	2021-5-12
12	家具制造工业污染防治可行技术指南	HJ 1180—2021	2021-5-12
13	汽车工业污染防治可行技术指南	HJ 1181—2021	2021-5-12
14	屠宰及肉类加工业污染防治可行技术指南	HJ 1285—2023	2023-2-1
15	铸造工业大气污染防治可行技术指南	HJ 1292—2023	2023-3-6
16	农药制造工业污染防治可行技术指南	HJ 1293—2023	2023-3-9
17	电子工业水污染防治可行技术指南	HJ 1298—2023	2023-6-7
18	氮肥工业污染防治可行技术指南	HJ 1302—2023	2023-8-25
19	调制品、发酵制品制造工业污染防治可行技术指南	HJ 1303—2023	2023-8-25
20	制革工业污染防治可行技术指南	HJ 1304—2023	2023-8-25
21	制药工业污染防治可行技术指南　原料药(发酵类、化学合成类、提取类）和制剂类	HJ 1305—2023	2023-8-25
22	电镀污染防治可行技术指南	HJ 1306—2023	2023-8-25